石油化工设备技术问答丛书

换热器技术问答

钱广华　刘剑锋　编著

中国石化出版社

·北京·

内 容 提 要

本书采用问答形式，首先介绍了与换热器有关的压力容器的概念、结构组成及安全装置基本知识，然后重点介绍了换热器的类型、结构的基本知识，并根据作者在设备维护检修方面积累的经验，对可能出现的问题进行了详解。

本书特为石油化工行业从事换热设备运行管理和维护检修的技术人员和操作工而写，对于从事设备管理和制造人员也有一定的参考价值。

本书可以作为设备技术人员、操作工、保全工及设计制造工程技术人员的参考书或工具书，具有简单、易懂、实用的特点。

图书在版编目(CIP)数据

换热器技术问答/钱广华，刘剑锋编著. —北京：中国石化出版社，2012.1(2025.5 重印)
(石油化工设备技术问答丛书)
ISBN 978-7-5114-1249-2

Ⅰ.①换… Ⅱ.①钱… ②刘… Ⅲ.①换热器-问题解答 Ⅳ.①TK172-44

中国版本图书馆 CIP 数据核字(2011)第 224545 号

中国石化出版社出版发行
地址：北京市东城区安定门外大街 58 号
邮编：100011　电话：(010)57512500
发行部电话：(010)57512575
http://www.sinopec-press.com
E-mail：press@sinopec.com
北京科信印刷有限公司印刷
全国各地新华书店经销
*
787 毫米×1092 毫米 32 开本 2.75 印张 52 千字
2012 年 1 月第 1 版　2025 年 5 月第 2 次印刷
定价：12.00 元

序

设备是企业进行生产的物质技术基础。现代化的石油化工企业，生产连续性强、自动化水平高，且具有高温、高压、易燃、易爆、易腐蚀、易中毒的特点。设备一旦发生问题，会带来一系列严重的后果，往往会导致装置停产、环境污染、火灾爆炸、人身伤亡等重大事故的发生。因而石油化工厂的设备更体现了设备是企业进行生产、发展的重要物质基础。“基础不牢、地动山摇”。设备状况的好坏、直接影响着石油化工企业生产装置的安全、稳定、长周期运行，从而也影响着企业的经济效益。

确保石油化工厂设备经常处于良好的状况，就必须强化设备管理，广泛应用先进技术，不断提高检修质量，搞好设备的操作和维护，及时消除设备隐患，排除故障，提高设备的可靠度，从而确保生产装置的安全、稳定、长周期运行。

为了加强企业“三基”工作，适应广大石油化工设备管理、操作及维护检修人员了解设备，熟悉设备，懂得设备的结构、性能、作用及可能发生的故障和预防措施，以提高消除隐患、排除故障、搞好操作和日常维护能力的需要，中国石化出版社针对石油化工厂常见的各类设备，诸如，各类泵、压缩机、风机及驱动机、各类工业炉、塔、反应器、压力容器，各类储罐、换热设备，以及各类工业管线、阀门管件等等，组织长期工作在石油化工企业基层，有一定设备理论知识和实践经验的专家和专业技术人员，以设备技术问答的形式，编写了一系列“石油化工设备技术问答丛书”，供大家学习和阅读，希望对广大读者有所帮助。本书即为这套丛书之一。

中国石化设备管理协会副会长　胡安定

目　　录

第一章　压力容器基础知识

(一) 压力容器的简介和分类 …………………………………… (1)

1. 压力容器的定义是什么？ ………………………………… (1)
2. 压力容器如何界限？ ……………………………………… (1)
3. 容器作为特殊设备来管理需具备哪些条件？ …………… (2)
4. 压力容器安全操作要点是什么？ ………………………… (2)
5. 压力容器设备完好的标准是什么？ ……………………… (3)
6. 压力容器对选用钢材有哪些要求？ ……………………… (4)
7. 压力容器常用钢材及其使用范围有哪些？ ……………… (4)
8. 容器的工艺参数主要有哪些？ …………………………… (6)
9. 压力容器工艺参数中压力如何定义？ …………………… (6)
10. 压力容器的工艺参数中温度如何确定？ ……………… (7)
11. 压力容器的工艺参数中介质如何定义？ ……………… (7)
12. 压力容器的设计必须满足哪些要求？ ………………… (8)
13. 压力容器按承受压力的高低分为哪几类？ …………… (9)
14. 压力容器按承压方式分为哪几类？ …………………… (9)
15. 压力容器按设计温度如何分类？ ……………………… (9)
16. 从安装方式上压力容器如何分类？ …………………… (9)
17. 按在生产过程中的作用原理压力容器如何分类？ ……… (10)

18.《固定式压力容器安全技术监察规程》对压力
容器如何分类？ …………………………………………… (10)
19. 压力容器还有哪些其他分类方法？ ………………………… (11)
20. 压力容器的结构形式主要有哪几种？ ……………………… (11)
21. 反应压力容器在生产工艺中的作用是什么？
典型的反应压力容器有哪些？ ……………………………… (11)
22. 换热容器在生产工艺中的用途是什么？
典型的换热容器有哪些？ …………………………………… (11)
23. 举例说明什么是换热压力容器。 ………………………… (12)
(二) 压力容器的组成……………………………………………… (12)
1. 压力容器的组成是什么？ …………………………………… (12)
2. 什么叫筒体？有什么特点？ ………………………………… (12)
3. 什么叫封头与端盖，按形状分为哪几类？ ………………… (12)
4. 法兰如何分类？ ……………………………………………… (12)
5. 支座有哪些形式？ …………………………………………… (13)
(三) 压力容器的安全装置………………………………………… (13)
1. 压力容器用的安全装置主要有哪些？ ……………………… (13)
2. 什么情况下需要装设爆破装置？ …………………………… (13)
3. 安全阀有何功能？ …………………………………………… (14)
4. 对安全阀有哪些基本要求 …………………………………… (14)
5. 安全阀如何分类？ …………………………………………… (14)
6. 试述弹簧式安全阀的结构组成和工作原理。 ……………… (15)
7. 弹簧式安全阀有哪些特点？ ………………………………… (15)
8. 简述弹簧式安全阀的工作原理和其优缺点。 ……………… (16)
9. 杠杆式安全阀的结构和特点有哪些？ ……………………… (16)
10. 简述杠杆式安全阀的工作原理和其优缺点。 …………… (17)
11. 什么叫安全阀的开启压力(整定压力)？ ………………… (17)

12. 什么是安全阀的排放压力？ …………………………… (18)
13. 什么叫安全阀的开启高度？ …………………………… (18)
14. 什么叫安全阀的回座压力？ …………………………… (18)
15. 什么叫安全阀的启闭压差？ …………………………… (18)
16. 哪些情况下的安全阀应停止使用并更换？ ……………… (18)

第二章　换热器基础知识

(一) 换热器的基本术语和分类……………………………… (19)
1. 何谓换热器？ ………………………………………………… (19)
2. 何谓换热器的公称直径？ ………………………………… (19)
3. 何谓换热器的公称长度？ ………………………………… (19)
4. 何谓换热器的换热面积？ ………………………………… (19)
5. 何谓换热器的管程与壳程？ ……………………………… (19)
6. 何谓换热器的管程数与壳程数？ ………………………… (19)
7. 何谓换热器的工作压力？ ………………………………… (20)
8. 何谓换热器的设计压力？ ………………………………… (20)
9. 何谓试验压力？ …………………………………………… (20)
10. 何谓设计温度？ …………………………………………… (20)
11. 换热器是如何传热的？ …………………………………… (20)
12. 介质流速对换热效果有何影响？ ………………………… (20)
13. 换热器传热方式有哪些？ ………………………………… (21)
14. 何谓定态传热？有什么特点？ …………………………… (21)
15. 圆筒壁的定态热传导与平壁的定态热传导有何区别？ … (21)
16. 何谓热对流？它又可分为哪两类？何谓对流传热？ …… (21)
17. 若热流体走管内，冷流体走管外，两流体通过间壁
的传热包括哪几个过程？ ………………………………… (21)

18. 换热器有何要求？ …………………………………………… (21)
19. 换热设备如何分类？ ………………………………………… (22)
20. 如何比较换热设备指标？ …………………………………… (23)
21. 换热器的型号如何表示？ …………………………………… (23)
22. 换热器选型有哪些标准？ …………………………………… (24)
23. 换热设备如何选型？ ………………………………………… (24)
24. 耐压试验有几种？各适用于哪些范围？ ……………… (25)
25. 什么叫湿式空冷器？ ………………………………………… (25)
26. 换热设备按传热原理可分哪几类？ ……………………… (25)
27. 换热设备按传热种类可分哪几类？ ……………………… (25)
28. 换热设备按结构可分哪几类？ …………………………… (26)
29. 换热设备按折流板分布可分哪几类？ ………………… (26)
30. 换热设备按板状可分哪几类？ …………………………… (26)
31. 换热设备按密封形式可分哪几类？ ……………………… (26)
32. 非金属材料空冷式换热器都有哪些？ ………………… (26)
33. 空冷式换热器都有哪些？ ………………………………… (26)
34. 换热设备按强化传热元件可分哪几类？ ……………… (26)
35. 空冷式换热器的工作原理及其部件构成如何？ ……… (27)
36. 空冷器的基本类型有哪些？ ……………………………… (27)
37. 按空冷器的冷却方式可分为哪几类？ ………………… (27)
38. 按空冷器的管束布置形式可分为哪几类？ …………… (27)
39. 按空冷器的通风方式可分为哪几类？ ………………… (27)
40. 按照热流体和冷流体的状态，热管换热器如何分类？ … (27)
41. 按结构形式，热管换热器如何分类？ ………………… (27)
42. 重沸式换热器如何分类？ ………………………………… (27)
43. 管式换热器如何分类？ …………………………………… (28)
44. 管壳式换热器的主要类型有哪些？ ……………………… (28)

45. 管壳式换热器按结构形式可分成哪几类？ …………………… (28)
46. 冷凝器如何分类？ …………………………………………… (28)
47. 翅片管式换热器的翅片管如何分类？………………………… (28)
48. 湿式空冷器如何分类，各有什么特点？ …………………… (29)
49. 举例说明什么是混合式换热器。 ………………………… (30)
50. 举例说明什么是蓄热式换热器。 ………………………… (30)
51. 举例说明什么是间壁式换热器。 ………………………… (30)
52. 常见的管壳式换热器有哪些？ ……………………………… (30)
(二) 各种换热器的结构、特点…………………………………… (31)
1. 管壳式换热器的优点有哪些？ ……………………………… (31)
2. 管壳式换热器主要由哪些部件所构成？ …………………… (31)
3. 固定管板式换热器结构和特点是什么？ …………………… (31)
4. U 形管式换热器的结构和特点有哪些？ …………………… (32)
5. U 形管式换热器的应用范围有哪些？ ……………………… (33)
6. U 形管式换热器适用于哪些地方？ ………………………… (33)
7. U 形管换热器有哪些主要部件？ …………………………… (33)
8. U 形管式换热器 BIU500 - 4. 0/1. 6 - 75 - 6/19 - 2I
的含义是什么？ ………………………………………………… (34)
9. 填料函式换热器的结构特点有哪些？ ……………………… (34)
10. 填料函式浮头换热器 AFP600 - 1. 0 - 254 - 6/25 - 2/2I
的含义是什么？ …………………………………………… (35)
11. 浮头式换热器的结构和特点是什么？ …………………… (35)
12. 浮头式换热器的优点有哪些？ …………………………… (36)
13. 浮头式换热器的缺点有哪些？ …………………………… (37)
14. 浮头式换热器适用于哪些地方？ ………………………… (37)
15. 浮头式换热器有那些主要部件？ ………………………… (37)
16. 浮头式换热器小浮头螺栓选用要注意哪些问题？ ……… (38)

17. 浮头式换热器 AES500 - 1. 6 - 54 - 6/25 - 4I 的含义是什么？ …… (38)
18. 浮头冷凝器 BJS 1200 - 2. 5 /1. 0 - 610 - 9/25 - 4 Ⅱ 的含义是什么？ …… (38)
19. 固定管板式换热器适用于哪些地方？ …… (38)
20. 固定管板式换热器是由哪些部件组成的？ …… (38)
21. 固定管板式换热器的结构特点有哪些？ …… (38)
22. 固定管板式换热器有哪些主要部件？ …… (39)
23. 固定管板式换热器 BEM700 - 2. 5/1. 6 - 200 - 9/25 - 4I 的含义是什么？ …… (39)
24. 铜管固定管板换热器 BEM800 - 2. 0/1. 0 - 254 - 6/19Cu - 4 的含义是什么？ …… (39)
25. 螺旋板式换热器的特点有哪些？ …… (39)
26. 螺旋板式换热器结构和特点有哪些？ …… (40)
27. 螺旋板换热器的主要结构部件有哪些？ …… (40)
28. 板(片)式换热器的适用范围如何？ …… (40)
29. 板式换热器的特点有哪些？ …… (41)
30. 板式换热器主要构成部件有哪些？ …… (41)
31. 板式蒸发器的性能、特点有哪些？ …… (41)
32. 板面式换热器有哪几种常见类型？ …… (42)
33. 板片式换热器的结构和特点有哪些？ …… (42)
34. 板式换热器的主要优点有哪些？ …… (43)
35. 板式换热器的主要缺点有哪些？ …… (43)
36. 板式换热器设计计算的目的是什么？ …… (43)
37. 板翅式换热器的应用范围如何？ …… (44)
38. 板翅式换热器的主要构成部件有哪些？ …… (44)
39. 板翅式换热器的结构和特点有哪些？ …… (44)

40. 板翅式换热器的板束单元结构是怎样的? ……………… (45)
41. 板翅式换热器翅片的作用及其形式有哪些? …………… (45)
42. 直接接触式换热器的优点有哪些? ……………………… (46)
43. 蓄热式换热器的优点有哪些? …………………………… (46)
44. 折流杆换热器有什么特点? ……………………………… (46)
45. 水浸式冷却器的结构和特点有哪些? …………………… (46)
46. 水浸式换热器有哪些主要部件? ………………………… (47)
47. 喷淋式冷却器的结构和特点有哪些? …………………… (47)
48. 空冷器的结构和特点是什么? …………………………… (48)
49. 列管式换热器的排列有三角形排列和正方形
转45°角排列，为什么? ……………………………………… (48)
50. 列管式换热器中，为什么管径分别选用
ϕ32、ϕ25、ϕ19、ϕ16? ……………………………………… (49)
51. 列管式换热器中折流板(折流杆)有什么作用? ………… (49)
52. 为什么列管式换热器有单管程、两管程、四管程、
六管程、八管程? ……………………………………………… (49)
53. 列管式换热器中常用列管的材料有哪些? ……………… (50)
54. 套管式换热器有哪些主要部件? ………………………… (50)
55. 喷淋式换热器有哪些主要部件? ………………………… (50)
56. 换热器结构材料有哪些? ………………………………… (50)
57. 换热器管材选择有何要求? ……………………………… (51)
58. 非金属换热器的材料主要有哪些? ……………………… (52)
59. 管箱有何作用? …………………………………………… (52)
60. 折流挡板的作用是什么? ………………………………… (52)
61. 折流板的类型有哪些? …………………………………… (53)
62. 管板和换热管的连接形式有哪几种? …………………… (53)
63. 换热管在管板上的排列形式有哪些? …………………… (53)

64. 壳体与管板如何连接? …………………………………… (53)
65. 换热器管子的排列形式有几种? ……………………………… (55)
66. 为什么换热器支座的螺栓孔有圆形的，也有长条圆形的? ………………………………………… (55)
67. 常用的换热器垫片有哪些? ……………………………… (55)
68. 重沸式换热器 AKT600/1200 - 2.5/1.0 - 90 - 6/25 - 2Ⅱ的含义是什么? ………………………………………… (55)
(三) 换热器的维护和检修 …………………………………… (56)
1. 为何需要对换热器进行检修与维护? …………………… (56)
2. 换热器的日常维护包括哪些内容? ……………………… (56)
3. 换热器的日常维护有哪些? ……………………………… (57)
4. 换热器日常检查的内容有哪些? ………………………… (57)
5. 换热器检修前的准备工作有哪些? ……………………… (58)
6. 换热器的检修检查内容有哪些? ………………………… (58)
7. 换热器检修与质量标准有哪些? ………………………… (58)
8. 换热器为何应定期清洗? ………………………………… (59)
9. 换热器的清洗方法有哪几种? …………………………… (59)
10. 换热管表面结构对换热效果有何影响? ………………… (59)
11. 换热管表面除垢目前常用有那些方法? ………………… (60)
12. 换热管表面防垢有哪些方法? ………………………… (60)
13. 换热设备强化传热有哪些常用方法? ………………… (60)
14. 冷却水换热器为什么会产生水垢? …………………… (61)
15. 换热器更换换热管的质量标准有哪些? ………………… (61)
16. 换热器的常见故障及处理包括哪些方面? ……………… (62)
17. 换热器出现两种介质互串(内漏)原因是什么? ………… (63)
18. 换热器出现两种介质互串(内漏)如何处理? ………… (63)
19. 换热器法兰处密封泄漏的原因是什么? ……………… (63)

20. 换热器法兰处密封泄漏如何处理？ …………………… (63)
21. 换热器传热效果差的原因是什么？ …………………… (64)
22. 换热器传热效果差如何处理？ ………………………… (64)
23. 换热器阻力降超过允许值的原因是什么？ …………… (64)
24. 换热器阻力降超过允许值如何处理？ ………………… (64)
25. 换热器振动严重的原因是什么？ ……………………… (64)
26. 换热器振动严重如何处理？ …………………………… (64)
27. 换热器管箱管板螺栓紧固顺序怎样进行是正确的？ …… (64)
28. 换热器管箱管板紧固螺栓与螺母的材质等级一样吗？ … (65)
29. 管板垫片怎样保管？ …………………………………… (65)
30. 固定管板换热器在什么组合载荷下，可能无法满足强度条件，而不得不采用其他形式的换热器(如U形管式)？ …………………………………… (65)
31. 板式换热器失效的主要原因有哪些？ ………………… (65)
32. 换热器发生泄漏的情形有哪些？ ……………………… (65)
33. 如何对泄漏的换热管进行修复？……………………… (65)
34. 换热管金属堵头的加工要求有那些？ ………………… (66)
35. 列管式换热器内漏有哪些原因引起？ ………………… (66)
36. 换热器检修后为什么要试水压？ ……………………… (66)
37. 列管式换热器检修时，对堵管的数目有什么要求？ …… (66)
38. 为什么管板两侧的垫片必须选用同一种材料？ ……… (66)
39. 列管式换热器安装位置为什么有些是立置，有些是卧置(卧式)？ …………………………………… (67)
40. 为什么有些地方选用套管式换热器、水浸式换热器，而另一些地方选用列管式换热器？ …………………… (67)
41. 管壳式换热器的检修周期如何规定？ ………………… (67)
42. 管壳式换热器的检修内容有哪些？ …………………… (67)

43. 简述换热器的试压及检修顺序。 …………………………… (68)
44. 压力试验的顺序及要求有哪些？ …………………………… (69)
45. 采用防腐涂料的冷换设备如何检修？ ……………………… (69)
46. 换热器的检验范围有哪些？ ………………………………… (70)
47. 换热器腐蚀的控制原则是什么？ …………………………… (71)
48. 腐蚀监测如何分类？ ………………………………………… (71)
参考文献 ……………………………………………………………… (72)

第一章　压力容器基础知识

（一）压力容器的简介和分类

1. 压力容器的定义是什么？

压力容器定义的所谓容器，通常的说法是由曲面构成用于盛装物料的空间，通俗的讲，就是化工、炼油、医药、食品等生产所用的各种设备外部的壳体都属于容器。不言而喻，所有承受压力的密闭容器均被称为压力容器，或者被称为受压容器。2009 年 5 月 1 日起施行的《特种设备安全监察条例》修改版对压力容器的定义和监察范围规定为："压力容器，是指盛装气体或者液体，承载一定压力的密闭设备，其范围规定为最高工作压力大于或者等于 0.1MPa(表压)，且压力与容积的乘积大于或等于 2.5MPa·L 的气体、液化气体和最高工作温度高于或者等于标准沸点的液体的固定式容器和移动式容器；盛装公称工作压力大于或者等于 0.2MPa(表压)，且压力与容积的乘积大于或等于1.0MPa·L的气体、液化气体和标准沸点等于或者低于 60℃ 液体的气瓶、氧舱等。"

2. 压力容器如何界限？

划分压力容器的界限应考虑的因素，主要有事故发生的可能性与事故危害程度大小两个方面。目前国际上对压力容器的界限范围尚无统一的规定，一般来说，压力容器发生爆炸事故时，其危害程度大小与工作介质的状态、工作压力及容器的容积等因素有关，工作介质是液体的压力容器，由于液体的可压缩性极小，因此在容器爆破时其膨胀功，即所释放的能量很小，危害程度也小。而工作介质是气体的压力容器，因气体具有很大的可压缩性，容器爆破时的膨胀功，即瞬时所释放的能量很大，危害程度也就大；划分压力容器的界限，除了考虑工作介质的状态以外，还应考虑容器的工作压力和容积这两个因素。

3. 容器作为特殊设备来管理需具备哪些条件？

《固定式压力容器安全技术监察规程》规定同时具备下列三个条件的容器作为特殊设备来管理：①最高工作压力大于或者等于0.1MPa；②工作压力与容积的乘积大于或者等于2.5MPa·L，且③盛装介质为气体、液化气体以及最高温度高于或者等于其标准沸点的液体。

4. 压力容器安全操作要点是什么？

严禁超温超压运行；避免误操作、防止加料过量或加料中含有杂质(由化学反应而产生压力的)；防止超量充装或意外受热(液化气体)等：

(1) 操作人员应精心按操作规程操作(工艺和安全操作规程)；

(2) 运行过程要平稳操作(缓慢地进行加载、卸载、运行期间要保持载荷相对稳定、升降温也要缓慢)；

(3) 带压时不拆卸压紧螺栓；

(4) 换热器操作时应先引进冷流后进热流，同时引进的冷热流速度要慢；

(5) 坚守岗位，注意观察工艺参数变化；

(6) 坚持运行期间的巡回检查制度。要求在工艺方面检查操作条件(压力、温度、液位、介质的化学成分及物料配比、投料量等)；在设备方面检查设备状况(各连接部位有无泄漏、渗漏；设备有无塑性变形、腐蚀以及其他缺陷或可疑迹象；容器及管道有无震动、磨损)；在安全装置方面检查是否状态完好，是否在检定或校验有效期内。巡回检查要定时(定间隔时间)、定点(关键的设备、管线、机泵、阀门、容器、指示仪表以及曾经出现故障的部位)、定路线(生产流程或事故易发生线路)；

(7) 认真填写操作记录，要求认真及时准确真实地记录容器运行状况；

(8) 跑、冒、滴、漏的处理；

(9) 容器的紧急停止运行。

5. 压力容器设备完好的标准是什么？

(1) 运行正常，效能良好。其具体标志为：

①容器的各项操作性能指标符合设计要求，能满足生产的需要。

②操作过程中运转正常，易于平稳地控制操作参数。

③密封性能良好，无泄漏现象。

④带搅拌的容器，其搅拌装置运转正常，无异常的振动和杂音。

⑤带夹套的容器，加热或冷却其内部介质的功能良好。

⑥换热器无严重结垢。列管式换热器的胀口、焊口，板式换热器的板间，各类换热器的法兰连接处均能密封良好，无泄漏及渗漏。

(2) 装备完整，质量良好。其包括以下各项要求：

①零部件、安全装置、附属装置、仪器仪表完整、质量符合设计要求。

②容器本体整洁，油漆、保温层完整，无严重锈蚀和机

械损伤。

③有衬里的容器，衬里完好，无渗漏及鼓包。

④阀门及各类可拆连接部位无跑、冒、滴、漏现象。

⑤基础牢固，支座无严重锈蚀，外管道情况正常。

⑥各类技术资料齐备、准确、有完整的技术档案。

⑦容器在规定期限内进行了定期检验，安全性能良好，并已办理使用登记证。

⑧安全附件检定、校验和更换。

6. 压力容器对选用钢材有哪些要求？

用来制造压力容器的钢材应适应容器的操作条件(如温度、压力、介质特性等)，并有利于容器的加工制造和质量保证。具体选用时，重点应考虑钢材的力学性能、工艺性能和耐腐蚀性。对于力学性能，压力容器用钢材主要强调其强度、塑性、韧性和硬度四个性能指标。

7. 压力容器常用钢材及其使用范围有哪些？

(1) 碳钢

含碳量<2.06%的铁碳合金为碳钢，低碳钢具有适当的强度和塑性，工艺性能良好，价格低廉，因而被广泛用来制造一般的中低压容器。常用的低碳钢有 Q235 系列钢板、Q245R 等。Q235 系列钢板有Q235A·F、Q235A、Q235B、Q235C 四个牌号，其使用范围见表1－1。Q245R 是一种锅炉用钢，其钢板与优质碳素钢的性能基本相同，含硫量等低于普通碳钢具有较高的强度。使用温度为－20～475℃，常用来制造较高的中、低压容器。

(2) 普通低合金钢

普通低合金钢添加少量合金元素即成，其机械性能和工艺性能都较好。制造压力容器常用的普通低合金钢是

16MnR(16MnR 比 Q235 钢多含约 1% 的锰，但强度却高得多)，用这种钢板制造的容器比一般碳钢减轻重量约 30% ~ 40%，使用温度为 -20 ~ 475℃。此外，根据我国资源情况发展起来的低合金钢，如 15MnVR、18MnMoNbR 等常用于制造常温中低压容器。Q235 系列钢板使用范围见表 1-1。

表 1-1　Q235 系列钢板使用范围

钢号	设计压力 P/MPa	使用温度 t/℃	壳体厚度 δ/mm	使用场合
Q235A·F	≤0.6	0 ~ 350	≤12	不得用于盛装易燃易爆、毒性为中度、高度或极度危害介质的压力容器
Q235A	≤1.0	0 ~ 350	≤16	不得用于盛装液化石油气、毒性为高度或极度危害介质的压力容器
Q235B	≤1.6	0 ~ 350	≤20	不得用于盛装毒性为高度或极度危害介质的压力容器
Q235C	≤2.5	0 ~ 350	≤32	

(3) 特殊条件下使用的容器用钢

①低温(< -20℃)容器用钢要求在最低使用温度下仍具有较好的韧性，以防止容器在运行中产生脆性破裂。深冷容器常采用高合金钢制造，如 06Cr18Ni9、06Cr18Ni9Ti，其使用温度下限为 -196℃。一般低温容器常用锰钢及锰钒钢制造，如 16MnDR、09Mn2VDR 等，其下限使用温度分别为 -40℃下的冲击值 $a_k \geqslant 34.3\text{J/cm}^2$，则可用到 -40℃以上，

此时可写成16MnDR。②高温容器用钢，使用温度在400～500℃范围内的容器，一般可选用锰钒钢、锰钼钢等低合金钢，如15MnVR、14MnMoVg等，使用温度为500～600℃时，可选用铬钼低合金钢，如15CrMo、12Cr2Mol等；使用温度为600～700℃时，可选用镍铬高合金钢，如06Cr18Ni9、06Cr18Ni9Ti、10Cr18Ni9Ti等。③抗氢腐蚀用钢，根据国内外的使用经验，工作压力为300大气压、介质含氢的压力容器，可以根据不同的使用温度选用下列一些钢材，低于200℃时可用优质碳钢，如10号钢；低于350℃时可用低合金钢，如15Mo、30Mo；低于450℃时可用铬钼铝合金钢，如CrMo。在更高温度下使用时，可选用含钒量0.5%的铬钼合金钢。

8. 容器的工艺参数主要有哪些？

压力容器的工艺参数是根据生产工艺要求确定的，是进行压力容器设计和安全操作的主要依据。压力容器的主要工艺参数为压力和温度及介质。

9. 压力容器工艺参数中压力如何定义？

在各种压力容器的规范或标准中，经常出现工作压力、最高工作压力和设计压力等概念，现将其定义分述如下：

(1) 工作压力

工作压力也称为操作压力，系指容器顶部在正常工艺操作时的压力(即不包括液体静压力)。

(2) 最高工作压力

系指容器顶部在工艺操作过程中可能产生的最大压力(即不包括液体静压力)。压力超过此值时，容器上的安全装置就要动作。容器最高工作压力应不超过设计压力，为此容器上往往要装设安全泄放装置。

（3）设计压力

系指在相应设计温度下用以确定容器计算壁厚及其元件尺寸的压力。设计压力由容器的设计单位根据设计条件要求和有关规范确定。

10. 压力容器的工艺参数中温度如何确定？

（1）使用温度

系指容器运行时，用测温仪表测得工作介质的温度。

（2）设计温度

压力容器的设计温度不同于其内部介质可能达到的温度，系指容器在正常工作过程中，在相应设计压力下，设定的受压元件的金属温度，其值不得低于元件金属可能达到的最高金属温度；对于按低温容器要求设计的压力容器，其设计温度不得高于元件金属可能达到的最低金属温度。

（3）试验温度

压力试验时，容器壳体的金属温度。有关规程或规范规定，对容器的使用温度或金属壁温要进行控制，以免容器超温运行。

11. 压力容器的工艺参数中介质如何定义？

介质是指压力容器内盛装的物料，有液态、气态或气液混合态。压力容器的安全性与其内部盛装的介质密切相关，介质性质不同，对容器的材料、制造和使用的要求也不同，介质有易燃、易爆、腐蚀性和毒性的容器，在使用维护中应特别注意。

（1）有毒介质

参照 GBZ 230《职业性接触毒物危害程度分级》规定，将毒介质分为四级，具体为：

Ⅰ级　极度危害　允许浓度 $<0.1mg/m^3$；

Ⅱ级　高度危害　允许浓度0.1～$<1.0mg/m^3$；

Ⅲ级　中度危害　允许浓度1.0～$<10mg/m^3$；

Ⅳ级　轻度危害　允许浓度$\geq 10mg/m^3$。

（2）易燃介质

指与空气混合的爆炸下限小于10%，或爆炸上限与下限之差值大于20%的气体。

（3）混合介质

压力容器中的介质为混合物质时应以介质的组成并按毒性程度和易燃介质的划分原则，由设计单位的工艺设计或使用单位的生产技术部门，决定介质毒性程度或是否属于易燃介质。

（4）腐蚀介质：如硝酸、硫酸、盐酸、环烷酸、强碱等具有强腐蚀性，介质的腐蚀性很复杂，介质的种类和性质不同，加上工艺条件不同，介质的腐蚀性也不同。

12. 压力容器的设计必须满足哪些要求？

压力容器必须具备工艺要求的特定使用性能，安全可靠；制造安装简单；结构先进，维修方便和经济合理等方面的特点。压力容器的设计必须满足以下要求：

（1）强度

指容器在确定的压力或其他外部载荷作用下抵抗破裂或过量变形的能力；

（2）刚度

指容器抵抗弹性变形过大而造成失效的能力；

（3）稳定性

指容器抵抗外部载荷引起的形状改变能力。

（4）耐久性

指容器具有足够的使用寿命，容器维护得好，使用寿命可以比设计寿命长得多。

(5) 密封性

指容器连接处保持介质不泄漏的能力。

13. 压力容器按承受压力的高低分为哪几类？

按所承受压力的高低，压力容器可分为低压、中压、高压、超高压四个等级，具体划分如下：

(1) 低压(代号 L)$0.1MPa \leqslant p < 1.6MPa$；

(2) 中压(代号 M)$1.6MPa \leqslant p < 10MPa$；

(3) 高压(代号 H)$10MPa \leqslant p < 100MPa$；

(4) 超高压(代号 U)$p \geqslant 100MPa$。

14. 压力容器按承压方式分为哪几类？

按壳体承压方式不同，压力容器可分为内压(壳体内部承受介质压力)容器和外压(壳体外部承受介质压力)容器两大类，这两类容器是截然不同的，其差别首先反映在设计原理上，内压容器的壁厚是根据强度计算确定的，而外压容器的设计则主要考虑稳定性问题；其次，反映在安全性上，外压容器一般较内压容器安全。

15. 压力容器按设计温度如何分类？

按设计温度(t)的高低，压力容器可分为低温容器($t \leqslant -20℃$)，常温容器($-20℃ < t < 450℃$)和高压容器($t \geqslant 450℃$)。

16. 从安装方式上压力容器如何分类？

按安装方式分类，压力容器可分为固定式容器和移动式容器两大类：①固定式容器。系指有固定的安装和使用地点，工艺条件和使用操作人员也相对固定，通常是用管道与其他设备相连接的容器。如合成塔、蒸球、管壳式余热锅炉、热交换器、分离器等。②移动式容器。系指一种贮运容器，如气瓶、汽车槽车、铁路槽车等。其主要用途是装运有压力的气体或液化气体。这类容器无固定使用地点，一般也没有固定的使用操作人员，使用环境经常变迁，管理比较复杂，较易发生事故。

17. 按在生产过程中的作用原理压力容器如何分类？

按在生产工艺过程中的作用原理，压力容器划分为反应压力容器、换热压力容器、分离压力容器、储存压力容器。

在一种压力容器中，如同时具备两个以上的工艺作用原理时，应当按照工艺过程中的主要作用来划分品种。

18.《固定式压力容器安全技术监察规程》对压力容器如何分类？

为有利于安全技术管理和监督检查，根据容器的压力高低，介质的危害程度以及在生产过程中的主要作用，《容规》将其适用范围的容器划分为三类：第一类压力容器、第二类压力容器、第三类压力容器。具体划分如下：

第一类压力容器：低压容器(属于第二类、第三类压力容器除外)。

第二类压力容器：①中压容器(属于第三类压力容器的除外)；②易燃介质或毒性程度为中度危害介质的低压反应容器和储存容器；③毒性程度为极度和高度危害介质的低压容器；④低压管壳式余热锅炉；⑤低压搪玻璃压力容器。

第三类压力容器：①高压容器；②易燃介质或毒性程度为中度危害介质且 $p \cdot V \geqslant 0.5 \mathrm{MPa} \cdot \mathrm{m}^3$ 的中压反应容器和 $p \cdot V \geqslant 10 \mathrm{MPa} \cdot \mathrm{m}^3$ 的中压储存容器；③毒性程度为极度或高度危害介质的中压容器和 $p \cdot V \geqslant 0.2 \mathrm{MPa} \cdot \mathrm{m}^3$ 的低压容器；④高压、中压管壳式余热锅炉；⑤中压搪玻璃压力容器；⑥使用强度级别较高(指相应标准中抗拉强度规定值下限大于等于540MPa)的材料制造的压力容器；⑦移动式压力容器，包括铁路罐车(介质为液化气体、低温液体)、罐式汽车(液化气体运输车、低温液体运输车、永久气体运输车)和罐式集装箱(介质为液体气体、低温液体)等;⑧球形容器(容积大于等于 $50m^3$);⑨低温液体储存容器(容积大于等于 $5m^3$)。

19. 压力容器还有哪些其他分类方法?

(1) 按容器的壁厚分:有薄壁容器(壁厚不大于容器内径的 1/10)和厚壁容器之分。

(2) 按壳体的几何形状分:有球形容器、圆筒容器、异形容器之分。

(3) 按制造方法分:有钢结构容器、铸造容器、机加工容器之分。

(4) 按结构材料分:有钢结构容器、铸铁容器、有色金属容器和非金属容器之分。

(5) 按容器的安放形式分:有立式容器、卧式容器等之分。

20. 压力容器的结构形式主要有哪几种?

压力容器的结构形式主要有球形容器、圆筒形容器、箱形容器、锥形容器。

21. 反应压力容器在生产工艺中的作用是什么?典型的反应压力容器有哪些?

反应压力容器在生产工艺中主要用于完成介质的物理、化学反应。反应压力容器主要有反应釜、分解锅、硫化罐、分解塔、聚合釜、高压釜、超高压釜、合成塔、变换炉、蒸煮炉、蒸球、蒸压釜、煤气发生炉等。

22. 换热容器在生产工艺中的用途是什么?典型的换热容器有哪些?

换热压力容器在生产工艺中的用途是用于完成介质的热

量交换。换热压力容器有管壳式余热锅炉、热交换器、冷却器、冷凝器、蒸发器、加热锅、消毒锅、染色器、烘缸、蒸炒锅、预热锅、溶剂预热器、蒸锅、蒸脱机、电热蒸汽发生器、煤矿气发生炉水夹套等。

23. 举例说明什么是换热压力容器。

换热式压力容器是主要用于完成介质的热量交换的压力容器。例如：管壳式余热锅炉、热交换器、冷却器、蒸发器、加热器等。

（二）压力容器的组成

1. 压力容器的组成是什么？

压力容器的结构一般比较简单，主要由一个能承受一定压力的壳体及必要的连接件、密封件和内件构成。常见压力容器一般由筒体、封头（管板）、法兰、接管、人（手）孔、支座等部分组成。

2. 什么叫筒体？有什么特点？

筒体是压力容器最主要的组成部分，与封头或端盖共同构成承压壳体，是贮存物料或完成化学反应所需要的压力空间。常见的是圆筒形筒体，其形状特点是轴对称，圆筒体是一个平滑的曲面，应力分布比较均匀，承载能力较高，且易于制造，便于内件的设置和装拆。

3. 什么叫封头与端盖，按形状分为哪几类？

凡与筒体焊接连接而不可拆的，称为封头；与筒体及法兰等连接而可拆的则称为端盖。封头按形状可以分为三类，即凸形封头、锥形封头和平板封头。

4. 法兰如何分类？

法兰按照所连接的部件可分为容器法兰及管道法兰。前者用于容器的端盖与筒体连接；后者用于接管(管道)与管道之间的连接。法兰按其整体性程度，分成三种型式：整体法兰、松式法兰及任意式法兰。法兰按其密封面型式又可分为平面法兰、凹凸面法兰及榫槽面法兰。

5. 支座有哪些形式?

支座是用于支承容器重量并将它固定在基础上的附加部件，支座的结构形式决定于容器的安装方式、容器重量及其他载荷，一般分为三大类：即立式容器支座、卧式容器支座及球形容器支座。常用的立式容器支座有悬挂式支座(耳式支座)、支承式支座、裙式支座及腿式支座。其中裙式支座主要用于高大的直立容器(塔类)。卧式容器支座的结构形式主要有鞍式支座、圈座和支承式支座等，支承式支座只适用于小型容器，大中型容器常用鞍式支座，圈座适用于薄壁容器及多于两个支撑的长容器。球形容器常用裙式支座或柱式支座。

(三) 压力容器的安全装置

1. 压力容器用的安全装置主要有哪些?

压力容器用的安全装置主要有安全阀、爆破片装置、紧急切断装置、压力表、液面计、测温仪表、快开门式压力容器的安全联锁装置等。

2. 什么情况下需要装设爆破装置?

一般在以下四种情况时，需要装设爆破片装置或采用爆破片装置与安全阀组合的结构：

①容器内的介质易于结晶或聚合，或带有较多黏性(或粉状)的物质，易堵塞通道或使阀瓣与阀座粘住而导致安全阀失灵。②容器内的压力由于化学反应或其他原因，造成压力迅猛升高，仅装设安全阀难以迅速排放过高压力的超压气体而危

及容器的安全运行。③容器内为极度、高度危害介质或极为昂贵的介质，使用安全阀难以达到防漏要求。④要求有较大泄放面积的容器，或超高压容器及泄放可能性极小的场合。

3. 安全阀有何功能？

安全阀是一种由进口静压开启的自动泄压防护装置，它是压力容器最为普通最为重要的安全附件之一。它的功能在于：容器内的压力超过某一规定值时，依靠介质自身的压力自动开启阀门，迅速排出一定数量的流体，使容器内的压力始终低于允许压力的上限，自动防止因超压而可能出现的事故；当容器的压力降低到允许值时，阀又自动关闭。安全开放排气时，由于气体从阀中高速喷出，发出较大的响声，因而也起到自动报警的作用。

4. 对安全阀有哪些基本要求？

安全阀应满足下列基本要求：

（1）密封性能良好，不但能在正常工作压力下保持严密不漏，而且要求在开启排放压力降低后能关闭，仍能继续保持密封；

（2）动作灵敏可靠，当压力达到开启压力时，阀瓣能迅速自动跳起，顺利地排出介质；

（3）在排放压力下，阀瓣应达到全开位置，阀门达到安全排放量；

（4）结构紧凑合理，调节方便。

5. 安全阀如何分类？

安全阀的型式很多，分类方法各异，一般有以下几种分类方法：

（1）按整体结构和阀瓣加载机械型式分类可分为弹簧式和杠杆式安全阀两大类。

(2) 按阀瓣开启高度分类可分为全启式和微启式安全阀。

(3) 按局部结构和附件分类可分为封闭式和非封闭式安全阀。

6. 试述弹簧式安全阀的结构组成和工作原理。

弹簧式安全阀主要是由阀体、阀瓣、阀座、阀杆、弹簧、弹簧压盖、调节螺丝等构件组成，如图 1 – 1 所示。

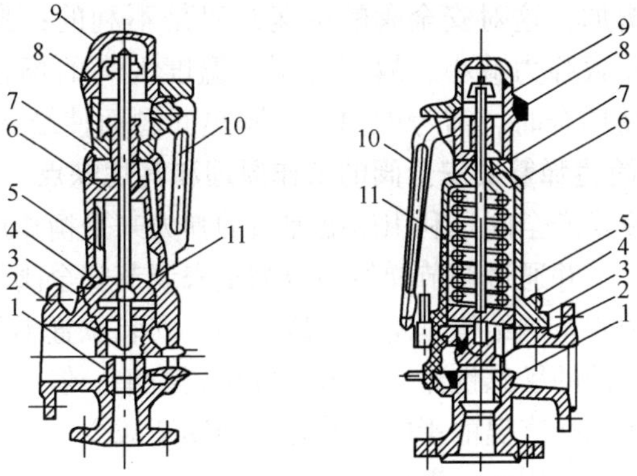

图 1 – 1　弹簧式安全阀

1—阀座；2—阀瓣；3—阀盖；4—阀杆；5—弹簧；6—弹簧压盖；7—调整螺丝；8—销子；9—阀帽；10—提升手柄；11—阀体

其工作原理是利用弹簧被压缩后的弹力来平衡介质作用在阀瓣上的力。当介质作用在阀瓣上的力超过弹簧的弹力时，弹簧被进一步压缩，阀瓣被抬起离开阀座，安全阀开启泄压；当介质作用于阀瓣上的力小于弹簧的弹力时，阀瓣被压紧在阀座上。此时，安全阀处于关闭状态。

7. 弹簧式安全阀有哪些特点?

弹簧式安全阀的优点是，结构紧凑、轻便、严密、灵敏度高、调整简便、自动开启、自动关闭，可以多次使用，且可以装于任何位置，故在压力容器中应用广泛；又由于对振动的敏感性差，可用于移动式压力容器上。其缺点是，制造复杂，对阀座阀瓣的材质、精度要求高；另外，使用中随着阀瓣的升高，作用在阀瓣上的弹簧力也随其压缩量的增大而增加，这对安全阀的迅速开启是不利的；弹簧长期受高温而致弹力减小，故不宜用在温度太高的场合；用于温度较高场合时，需考虑弹簧的隔热问题而使结构复杂。

8. 简述弹簧式安全阀的工作原理和其优缺点。

弹簧式安全阀是利用压缩弹簧的弹力来平衡作用在阀瓣上的内力，并通过调节弹簧的压缩量来调节安全阀的开启压力。这种安全阀结构紧凑，灵敏度高，安装位置不受严格限制，对振动的敏感性差，调节步骤比较简单。但是，由于弹簧会因长期受高温的影响，其弹力会逐渐减少，故一般的弹簧式安全阀不宜用在温度太高的场所。

9. 杠杆式安全阀的结构和特点有哪些?

结构形式主要由阀体、阀瓣、阀座、阀杆、重锤、重锤固定螺丝等构件组成(有单杠杆和双杠杆之分)如图 1－2 所示。杠杆式安全阀的优点是结构简单，调整容易、准确，所加的载荷不因阀瓣的升高而增加，适用于温度较高的场合。缺点是结构比较笨重，加载机构较易振动，常因振动而泄漏，一般只用于低压场合；另外回座压力较低，有的要低到工作压力的 70% 以下才能保持密封，这对持续生产不利。

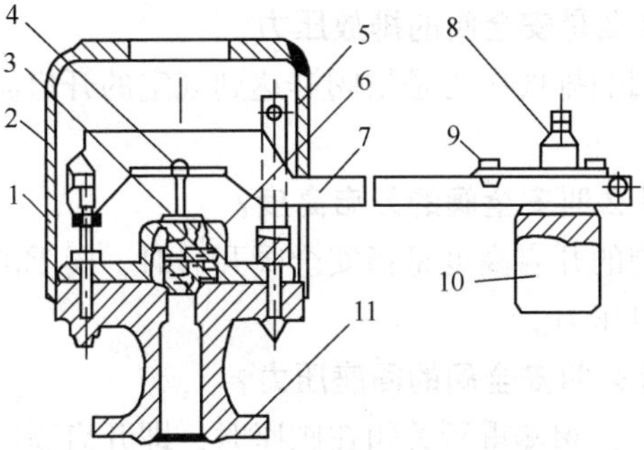

图1－2　杠杆式安全阀

1—阀罩；2—支点；3—阀杆；4—力点；5—导架；6—阀瓣；7—杠杆；8—固定螺丝；9—调整螺丝；10—重锤；11—阀体

10. 简述杠杆式安全阀的工作原理和其优缺点。

杠杆式安全阀是根据杠杆原理，通过杠杆和阀杆将重锤的重力矩作用到阀瓣上来平衡作用在阀瓣上的内力，它的开启压力的调整是通过移动重锤的位置(或改变重锤的重量)来进行的，这种安全阀结构简单，调整方便，工作可靠，所加的载荷不因阀瓣的升高而增加，也不受使用温度的限制。但是，由于本身结构比较笨重，重锤与阀体的尺寸很不相称，对振动比较敏感，安装时需严格保证阀瓣轴线垂直于水平面，而且它的回座力一般都比较低，有时要降到开启压力的70%以下才能回座。

11. 什么叫安全阀的开启压力(整定压力)?

安全阀的开启压力(整定压力)是指阀瓣在运行条件下开始升起时的进口压力。

12. 什么是安全阀的排放压力？

安全阀的排放压力是指阀瓣达到规定的开启高度时的进口压力。

13. 什么叫安全阀的开启高度？

安全阀的开启高度是指安全阀开启时，阀瓣离开关闭位置时的进口压力。

14. 什么叫安全阀的回座压力？

排放后，阀瓣重新关闭在阀座时，即开启高度变为零时的进口压力叫安全阀的回座压力。

15. 什么叫安全阀的启闭压差？

开启压力与回座压力之差即为安全阀的启闭压差，通常用开启压力的百分数表示。

16. 哪些情况下的安全阀应停止使用并更换？

（1）安全阀的阀瓣和阀座密封不严且无法修复。

（2）安全阀的阀瓣与阀座粘死或弹簧严重腐蚀、生锈。

（3）安全阀选型错误。

第二章　换热器基础知识

（一）换热器的基本术语和分类

1. 何谓换热器?

换热器是把一种较热流体的热量传递给另一种较冷流体的设备。

2. 何谓换热器的公称直径?

对卷制圆筒，以圆通内直径作为换热器的公称直径；对钢管制圆筒，以钢管外径作为换热器的公称直径。

3. 何谓换热器的公称长度?

以换热管的长度作为换热器的公称长度。换热管为直管时，取直管长度；换热管为U形管时，取U形管直管段的长度。

4. 何谓换热器的换热面积?

计算换热面积是以换热管外径为基准，扣除伸入管板内的换热管长度后，计算得到的管束外表面积。对于U形管换热器，一般不包括U形弯管段的面积。

5. 何谓换热器的管程与壳程?

管程是指介质流经换热管内的通道以及与其相贯通的部分；壳程是指介质流经换热管外的通道及与其相贯通的部分。

6. 何谓换热器的管程数与壳程数?

管程数是指介质沿换热管长度方向往返的次数；壳程数

是指介质在壳程内沿壳体轴向往返的次数。

7. 何谓换热器的工作压力？

工作压力是指在正常的工作情况下，换热器管程、壳程顶部可能达到的最高压力。

8. 何谓换热器的设计压力？

设计压力是指设定的换热器管程、壳程顶部的最高压力，与相应的设计温度一起作为设计载荷条件，其值不得低于工作压力。

9. 何谓试验压力？

试验压力是指在压力试验时，换热器管程、壳程顶部的压力。

10. 何谓设计温度？

设计温度是指换热器在正常工作情况下，设定的元件金属温度(沿元件金属温度横截面的温度平均值)。设计温度与设计压力一起作为设计载荷条件。

11. 换热器是如何传热的？

在最普遍的间壁式换热器中，主要是传导和对流两种传热方式。热流体先用对流给热的方式将热量传给管壁的一侧，再以传导的方式将热量从管壁一侧传过另一侧，最后管壁另一侧又以对流给热方式将热量传给了冷流体，从而完成了换热器的传热过程。

12. 介质流速对换热效果有何影响？

介质在换热器内的流速越大，其传热系数也越大。因此提高介质在换热器内的流速可以大大提高换热效果，但增加流速带来的负面影响是增大了通过换热器的压力降，增加了泵的能量消耗，所以要有一定的适宜范围。

13. 换热器传热方式有哪些？

换热的方式有传导、对流和辐射三种。

14. 何谓定态传热？有什么特点？

在传热系统(如换热器)中温度分布不随时间而变的传热过程称为定态传热，它的特点是通过传热表面的传热速率为常量。

15. 圆筒壁的定态热传导与平壁的定态热传导有何区别？

圆筒壁热传导与平壁热传导的区别是圆筒壁的传热面积不是常量，是随半径而变的，且温度也是沿半径方向变化的。

16. 何谓热对流？它又可分为哪两类？何谓对流传热？

热对流是指流体中质点发生相对位移而引起的热量传递。它又可分为强制对流和自然对流两类。通常，对流传热是指流体与固体壁面间的传热过程，它是热对流和热传导的结合。

17. 若热流体走管内，冷流体走管外，两流体通过间壁的传热包括哪几个过程？

包括以下三个过程：

(1) 热流体以对流传热方式将热量传给管内壁；

(2) 热量由内壁面以热传导方式传给外壁面；

(3) 热量由外壁面以对流传热的方式传给冷流体。

18. 换热器有何要求？

换热器应满足以下要求：

①传热效率高；②压降尽可能低；③可靠、有预期的使用寿命；④产品高品质、操作安全；⑤材料对过程流体的相容性；⑥设计计算的方便、安装容易、使用可靠；⑦维护和操作容易；⑧结构重量轻而坚固，以便能承受操作压力；

⑨制造简单；⑩价格低；⑪对维修中存在的问题可达到具有有效的修理的可能性。换热器必须满足在清洁条件下和污垢条件下，以及腐蚀和非腐蚀条件下的操作，和特定问题下等过程的通常要求。换热器必须能对其进行维护，这常常意味着在选择一结构时能允许在需要时对其进行清洗和由于腐蚀、侵蚀、振动或老化等所造成损坏的管子、垫片以及任何其他部件等的更换，这也就要求满足对于管束抽出而对其进行维护时场地空间的限制，满足换热器部件提升的需要，以及便于操作中进行检验和监察。

19. 换热设备如何分类？

总的来说，工业上的换热器按以下来分类：①结构；②传热过程；③传热面的紧凑程度；④流动形态；⑤分程情况；⑥流体的相态；⑦传热机理。

根据结构的不同，换热器可分为：①管式换热器，包括双套管式、管壳式、盘管式等；②板式换热器，包括垫片板片式、螺旋板式、板壳式、面板盘绕式等；③延伸表面换热器，包括管翅式、板翅式等；④再生器，包括固定蓄热床式、旋转式等。

根据传递过程分类包括：①间接接触式—直接传递式、蓄热式、流化床等；②直接接触式—冷却塔。

根据流动形式分类包括：①并流；②逆流；③错流。

根据分程情况分类可分为单程式和多程式。

根据流体的相态分类分为气－液换热器、液－液换热器、气－气换热器。

根据传热机理分类可分为冷凝器和蒸发器。

按用途来分有换热器、冷凝器、再沸器、冷却器，按换热方式来分有混合式、蓄热式及间壁式三大类型。

其他分类方式有刮板式换热器。

按《中国石化集团公司设备分类目录》可分为：

(1) 管壳式换热器；

(2) 套管式换热器；

(3) 水浸式换热器；

(4) 喷淋式换热器；

(5) 回转(蛇管)式换热器；

(6) 板式换热器；

(7) 板翅式换热器；

(8) 管翅式换热器；

(9) 废热锅炉；

(10)其他。

20. 如何比较换热设备指标?

不同类型的换热设备其性能优劣一般可从下几方面进行比较。①效率要高；②结构要紧凑；③节省材料；④压力降小；⑤要求结构可靠、制造成本低，便于安装、检修、使用周期长。

21. 换热器的型号如何表示?

DN 为换热器的公称直径，对卷制圆筒为圆筒内径，对钢制圆筒为钢筒外径。*A* 为换热器的公称换热面积，以换热管外径为基础。*LN* 为公称长度，指换热管的长度。*S* 表示换热管管材(只限于铝、铜、钛)，p_t/p_s 为管/壳程设计压力。Ⅰ级管束是指采用较高级、高级冷拔换热管，适用于无相变传热和易产生振动的场合。Ⅱ级管束为采用普通级冷拔换热管，适用于重沸、冷凝传热和无振动的一般场合。Ⅰ、Ⅱ级管束只限于碳钢和低合金钢。其表示方法如下：

$$\times\times\times DN-\frac{p_t}{p_s}-A-\frac{LN}{d}S-\frac{N_t}{N_s}\mathrm{I}\,(或\ \mathrm{II})$$

22. 换热器选型有哪些标准？

选型就是设计人员根据给定的要求从多种型式的换热器中选择某一种。有多种换热设备可供选用，但只有其中一种是最符合给定条件的。选型的标准很多，最基本的涉及介质的类型、操作压力和温度、热负荷和经济性等。传热流体的特性有温度、压力、相态、物理性质、毒性、腐蚀性、结垢性等。对于一定的热负荷，换热器的选型要考虑以下几点：

①换热器的材质；②操作压力与温度、温度变化情况，以及温度推动力；③流量；④流动方式；⑤性能参数—热效率和压降；⑥结垢性；⑦流体种类和相态；⑧维护、检测、清洗、拓展、维修的可能性；⑨总的经济性；⑩加工制造技术；⑪其他的用途。

23. 换热设备如何选型？

各种类型的换热设备有其自身的特点，选型时需考虑的因素也很多。如材料、温度、压力、流体的性质、压力降，设备的用途、制造、安装、检修及经济性等。一般应遵循以下原则：

(1) 当高温、高压操作，处理量较大时，强度和结构的可靠性很重要，应选管壳式换热器。

(2) 对有强腐蚀性的流体，如氯碱工业中湿氯气的冷却，应选耐腐蚀材料换热器，如钛金属换热器、聚四氟乙烯(耐温250℃以下)换热器等。

(3) 若操作温度和压力都不高，处理量也不太大，但流体具有腐蚀性要求采用贵金属材料时，可选板面式换热器中的新型换热设备，如板式、板翅式等，因为这些换热器具有传热效率高、结构紧凑、金属耗量少等突出优点。

24. 耐压试验有几种？各适用于哪些范围？

耐压试验包括液压试验和气压试验。

耐压试验原则上应以液压试验为主，常用清洁水进行液压试验故常称为水压试验。若采用其它液体作液压试验介质时，该介质应无危险性，其温度应低于沸点。当采用可燃性液体进行液压试验时，试验温度必须低于可燃性液体的闪点。同时试验场地附近不得有火源，且应该配备适用的消防器材。

气压试验是当由于结构或支承原因不能向压力容器完全充灌液体时，以及运行条件不允许残留试验液体的压力容器，可按设计图纸规定进行气压试验。例如，容器容积过大，无法承受水的重量，像大型球罐、水泥基础、支柱等有困难时的场合；结构复杂，水压试验不足以充分试验出个部位的试压要求者；由于结构设计时只考虑气相载荷，若水压试验其载荷对结构有破坏者；或水压试验的介质会对容器的壳体器壁、内衬里造成腐蚀破坏等情况的场合。

25. 什么叫湿式空冷器？

若将空冷器构造稍加改进，在翅片表面喷洒少量的水，水蒸发可起到强化传热的作用，从而提高传热效率，这种空冷器称为湿式空冷器。

26. 换热设备按传热原理可分哪几类？

换热器按传热原理可分为混合式、蓄热式和间壁式三类。

27. 换热设备按传热种类可分哪几类？

换热设备按传热种类可分为如下几类：

(1) 无相变送器：一般分为加热器和冷却器

（2）有相变送器：一般分为冷却器和重沸器。重沸器又分为斧式重沸器、虹式重沸器、再沸器、蒸发器、蒸汽发生器、废热锅炉等。

28. 换热设备按结构可分哪几类？

换热设备按结构可分为浮头式换热器、固定管板式换热器、填料函式换热器、U 形管式换热器、蛇管式换热器、双壳程换热器、单套管换热器、多套管换热器、外导流筒换热器、折流杆式换热器、热管式换热器、插管式换热器等。

29. 换热设备按折流板分布可分哪几类？

单弓形换热器、双弓形换热器、三弓形换热器、螺旋弓形换热器。

30. 换热设备按板状可分哪几类？

螺旋板换热器、板式换热器、板翅式换热器、板壳式换热器、板式蒸发器、板式冷凝器。

31. 换热设备按密封形式可分哪几类？

此类换热器多用于高温、高压装置中。具体分为：螺旋锁紧环换热器、Ω 环换热器、薄膜密封换热器、钢垫圈换热器、密封盖板式换热器。

32. 非金属材料空冷式换热器都有哪些？

分为石墨换热器、氟塑料换热器、陶瓷纤维复合材料换热器、玻璃钢换热器。

33. 空冷式换热器都有哪些？

空冷式换热器可分为干式空冷器、湿式空冷器、干湿联合空冷器、电站空冷器、表面蒸发式空冷器、板式空冷器、能量回收空冷器、自然对流空冷器、高压空冷器。

34. 换热设备按强化传热元件可分哪几类？

换热设备按强化传热元件可为螺纹管换热器、波纹管换热器、异型管换热器、表面多孔管换热器、螺旋扁管换热器、螺旋槽管换热器、环槽管换热器、纵槽管换热器、翅管换热器、螺旋绕管换热器、T形翅片管换热器、新结构高效换热器、内插物换热器、锯齿管换热器。

35. 空冷式换热器的工作原理及其部件构成如何？

空冷式换热器是以环境空气作为冷却介质，横掠翅片管外，使管内高温工艺流体得到冷却或冷凝的设备，简称“空冷器”。它由管束风机构架及百叶窗所组成。

36. 空冷器的基本类型有哪些？

空冷器的基本类型有：水平式、直立式、斜置式。

37. 按空冷器的冷却方式可分为哪几类？

以空冷器的冷却方式分为：干式空冷器、湿式空冷器、干湿联合空冷器、两侧喷淋联合空冷器。

38. 按空冷器的管束布置形式可分为哪几类？

以空冷器管束布置形式分为：水平式空冷器、斜顶式空冷器、立式空冷器和圆环式空冷器。

39. 按空冷器的通风方式可分为哪几类？

以空冷器通风方式分为：自然式空冷器、鼓风式空冷器、引风式空冷器。

40. 按照热流体和冷流体的状态，热管换热器如何分类？

按照热流体和冷流体的状态，热管换热器可分为气气式、气液式、液液式、液气式。

41. 按结构形式，热管换热器如何分类？

按结构形式，热管换热器可分为整体式、分离式、回转式和组合式等。

42. 重沸式换热器如何分类？

根据重沸器的型号、安装位置、运行方式可分为以下六种形式：

(1) 釜式重沸器；

(2) 强制循环重沸器；

(3) 单程循环热虹吸式立式重沸器；

(4) 自然循环热虹吸式立式重沸器；

(5) 单程循环热虹吸式卧式重沸器；

(6) 自然循环热虹吸式卧式重沸器。

43. 管式换热器如何分类？

按结构形式不同大致分为蛇管式换热器、套管式换热器、缠绕管式换热器和管壳式换热器。

44. 管壳式换热器的主要类型有哪些？

管壳式换热器是把管子与管板连接，再用壳体固定。它的类型主要分为固定管板式、釜式浮头式、U形管式、滑动管板式、填料函式及套管式等几种。

45. 管壳式换热器按结构形式可分成哪几类？

管壳式换热器按结构形式分类主要有AES、BES浮头式换热器，BEM固定管板式换热器，BIU U形管式换热器，AKT釜式重沸器和AJW填料分流式换热器。

46. 冷凝器如何分类？

根据冷却剂的种类不同，冷凝器可归纳为四类，即水冷、空冷、水-空冷却(即蒸发式和淋水式)以及靠其他工艺介质进行冷却的冷凝器。

47. 翅片管式换热器的翅片管如何分类？

从结构形式上翅片管可分为纵向和径向两种基本类型，其他形式均为这两类的发展和变形。翅片的形状有圆形、矩形和针形。此外，翅片可设置在管外，称外翅片管；也可设置在管内，称内翅片管，或内外兼有。按制造工艺可把翅片管分类为整体翅片管、焊接翅片管、高频焊翅片管和机械连接翅片管。

48. 湿式空冷器如何分类，各有什么特点？

湿式空冷器按其工作情况可分为增湿型、喷淋型及联合型三种，如图2-1、图2-2、图2-3所示。这三种类型的湿式空冷器各有其优点：喷淋型的作用原理是喷水蒸发冷却，将雾状水直接喷到翅片表面，水在翅片表面蒸发；增湿型是在空气入口处喷水(水不喷在翅片上)，使水在增湿室中蒸发；联合型是二者兼而有之。喷淋型集中了蒸发冷却和空气冷却的优点，不论从强化传热或对环境温度的适应性上都较增湿型优越，但水在翅片上蒸发有可能引起结垢，所以通常将管内介质温度限制在80℃以内。

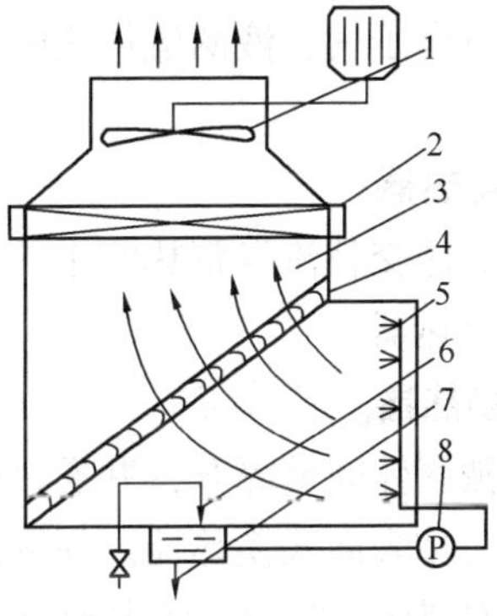

图2-1　增湿型湿式空冷器

1—风机；2—管束；3—增湿室；4—水分离挡板；5—水喷嘴；6—补水管；7—排水管；8—水泵

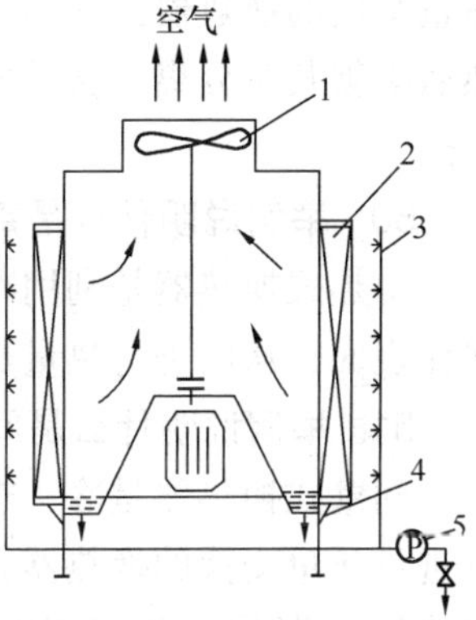

图2-2　喷淋型湿式空冷器

1—风机；2—管束；3—水喷嘴；4—排水管；5—水泵

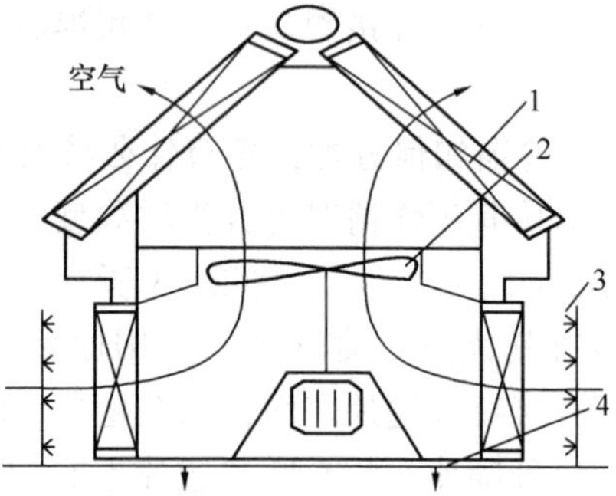

图2-3　联合型湿式空冷器

1—管束；2—风机；3—水喷嘴；4—排水管

49. 举例说明什么是混合式换热器。

混合式换热器是通过冷、热流体的直接接触，混合进行热量交换的换热器，又称接触式换热器。由于两流体混合换热后必须及时分离，这类换热器适合于气、液两流体之间的换热。

50. 举例说明什么是蓄热式换热器。

蓄热式换热器是利用冷、热流体交替流经蓄热室中的蓄热体表面，从而进行热量交换的换热器。

51. 举例说明什么是间壁式换热器。

间壁式换热器是冷、热流体被固体间壁隔开，并通过间壁进行热量交换的换热器，因此又称表面式换热器。间壁式换热器根据传热面的结构不同分为管式、板面式和其他形式。

52. 常见的管壳式换热器有哪些？

根据所采用的补偿措施，管壳式换热器可分为以下几种主要类型：

(1) 固定管板式换热器：管束两端的管板与壳体连成一体，结构简单，但只适合于冷热流体温度差不大，且壳层不需机械清洗时的换热操作。当温度差稍大而壳层压力又不太高时，可在壳体上安装有弹性的补偿图，以减少热应力。

(2) 浮头式换热器：管束一段的管板可自由浮动，完全消除了热应力，且整个管束可从壳体中抽出，便于机械清洗和检修。浮头式换热器的应用较广，但结构比较复杂，造价较高。

(3) U 形管换热器：每根换热管皆弯成 U 形，两端分别固定在同一管板上下两区，借助于管箱内的隔板分成进出口两室。此种换热器完全消除了热应力，结构比浮头式简单，但管程不易清洗。

(二) 各种换热器的结构、特点

1. 管壳式换热器的优点有哪些？

管壳式换热器在换热效率、结构紧凑性和金属消耗量等虽不及板式换热器，但它具有结构紧固、承受高温、高压，制造工艺较成熟，材料范围广，对流体介质的工艺要求低等优点。

2. 管壳式换热器主要由哪些部件所构成？

管壳式换热器主要由壳体、管束、管板、挡板和封头等部件构成。

3. 固定管板式换热器结构和特点是什么？

主要由壳体、管束、管板、管箱及折流板等组成，管束和管板是刚性连接在一起的，如图 2－4 所示。所谓“固定管板”是指管板的壳体之间也是刚性连接在一起，相互之间无相对移动。这种换热器结构简单、制造方便、造价较低；

在相同直径的壳体内可排列较多的换热管，而且每根换热管都可单独进行更换和管内清洗；但外壁清洗较困难，所以宜用于不易结垢和清洁的流体。适用于温差不大或温差较大但壳程压力不高以及壳程结垢不严重或能用化学清洗的场合。

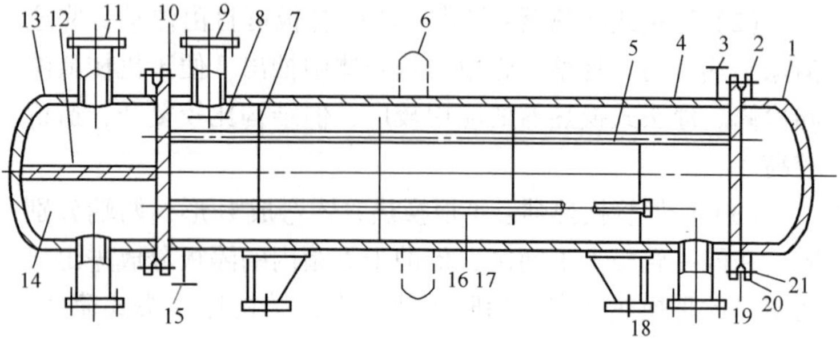

图 2－4　固定管板式换热器

1—封头；2—法兰；3—排气口；4—壳体 5—换热管；6—波形膨胀节；7—折流板（或支持板）；8—防冲板；9—壳程接管；10—管板；11—管程接管；12—隔板；13—封头；14—管箱；15—排液口；16—定距管；17—拉杆；18—支座；19—垫片；20、21—螺栓、螺母

4. U 形管式换热器的结构和特点有哪些？

（1）换热管被弯成 U 形，管的两端固定在同一个管板上，管板与壳体采用法兰连接，并省去了一个管板和一个管箱。其结构如图 2－5 所示。

（2）因管束与壳体是分离的，在受热膨胀时，彼此之间不受约束，因而消除温差应力。但在生产中仍应避免因管程温度的急剧变化而产生的应力集中，致使管子与管板的密封失效引起的泄漏。

（3）特别是采用管板与管子胀接方式连接的 U 形管换热器要尽量避免干烧。

(4) 由于管束可以从壳体中抽出，管外清洗方便，但管内清洗困难，故最好不要让易结垢的物料从管内通过。

(5) U形管式换热器只有一块管板支撑全部管束，因此相同壳体内径的管板，其厚度要大于其他形式。

(6) 当换热器直径较大时，U形管部分支撑有困难，管束抗震性差，常在壳体加焊纵向轨道，利用管束上的纵向隔板，支撑在所焊的轨道上来承受部分力。

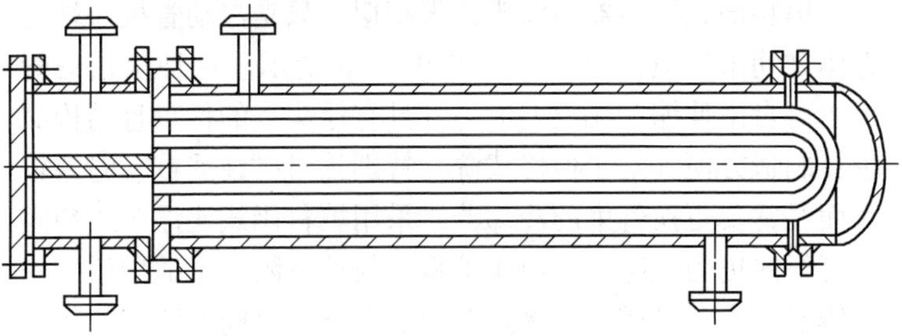

图2-5　U形管式换热器

5. U形管式换热器的应用范围有哪些？

由于U形管式换热器便于拆装，结构简单，故此常做原子能工业中的蒸汽发生器，动力工业中的给水加热器，石化工业中的换热器、再沸器，从而得到广泛应用。

6. U形管式换热器适用于哪些地方？

U形管式换热器适用于管壳壁温差较大，管内走清洁介质的高温高压的场合：

7. U形管换热器有哪些主要部件？

主要部件有：U形管束、折流板、防冲板(内导流筒)、拉杆、定距管、壳体、管箱、管板、进口法兰、出口法兰、管箱法兰、管箱侧法兰、管箱垫片、管箱侧垫片、固定鞍座、活动鞍座。

8. U 形管式换热器 BIU500 -4.0/1.6 -75 -6/19 -2I 的含义是什么？

封头管箱，公称直径 500mm，管程设计压力 4.0MPa，壳程设计压力 1.6MPa，公称换热面积 $75m^2$，较高级碳钢或低合金钢冷拔换热管，外径 $\phi19mm$，管长 6m，2 管程，单壳程的 U 形管式换热器。

9. 填料函式换热器的结构特点有哪些？

填料函式换热器与浮头式很相似，只是浮动管板一端与壳体之间采用填料函密封，如图 2 -6 所示。这种换热器管束也可自由伸缩、无温差应力，具有浮头式的优点且结构简单、制造方便、易于检修清洗，特别是对腐蚀严重、温差较大而经常要更换管束的冷却器，采用填料函式比浮头式和固定管板式更为优越；但由于填料密封性所限，不适用于壳程流体易挥发、易燃、易爆及有毒的情况。目前所使用的填料函式换热器直径大多在 700mm 以下，大直径的用得很少，尤其在操作压力及温度较高的条件下采用更少。填料函式还有另一种形式，如图 2 -7 所示，通常称为滑动管板式，它是将填料安置在壳体内部，其性能特点与填料函式基本相同，但这种结构在填料处发生泄漏，则造成两种流体混合且

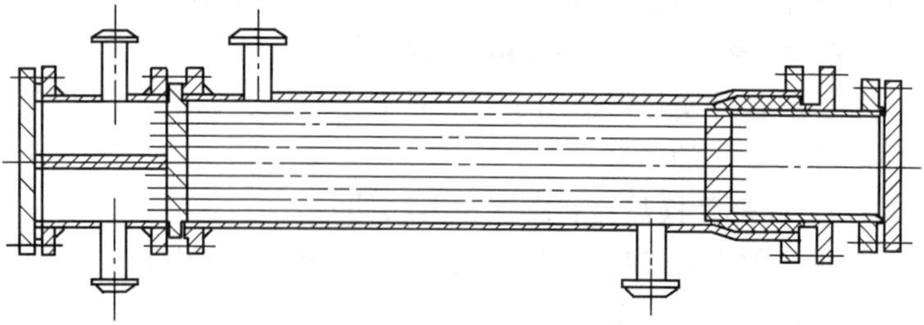

图 2 -6　填料函式换热器

不易被发现，所以严禁用于两种流体混合后会造成严重事故或损失的场合。

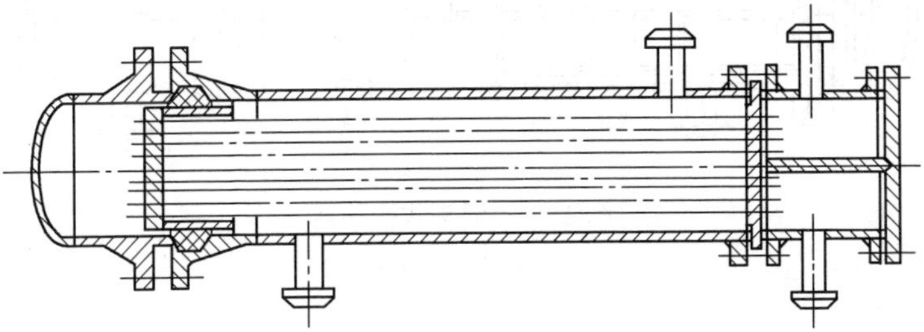

图 2 - 7　滑动管板式换热器

10. 填料函式浮头换热器 AFP600 - 1.0 - 254 - 6/25 - 2/2I 的含义是什么？

平盖管箱，管箱内径 600mm，管程和壳程设计压力均为 1.0MPa，公称换热面积 254m²，较高级碳钢或低合金钢冷拔换热管外径 φ25mm，管长 6m，2 管程，单壳程的填料函式浮头换热器。

11. 浮头式换热器的结构和特点是什么？

浮头式换热器的一端管板是固定的。与壳体刚性连接，另一端管板是活动的，与壳体之间并不相连，如图 2 - 8 所示；活动管板一侧总称为浮头，浮头的具体结构如图 2 - 9 所示；浮头式换热器的管束从壳体中抽出，故管外壁清洗方便，管束可在壳体中自由伸缩，所以无温差应力；但结构复杂、造价高，浮头处若密封不严会造成两种流体混合且不易察觉。适用于冷热流体温差较大(一般冷流进口与热流进口与热流出口温差可达 110℃)，介质易结垢常需要清洗的场合。

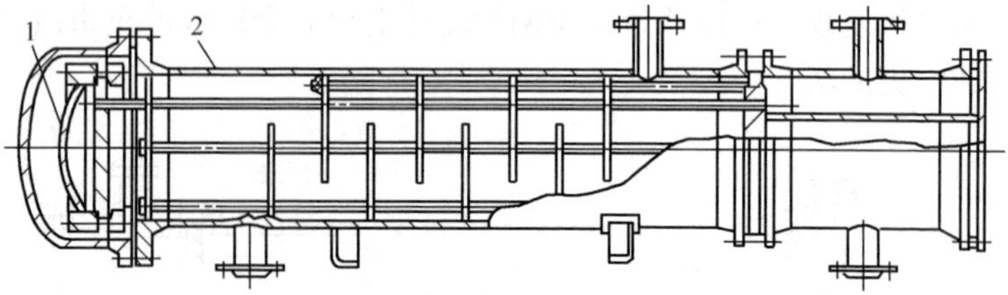

图 2－8　浮头式换热器

1—浮头；2—壳体

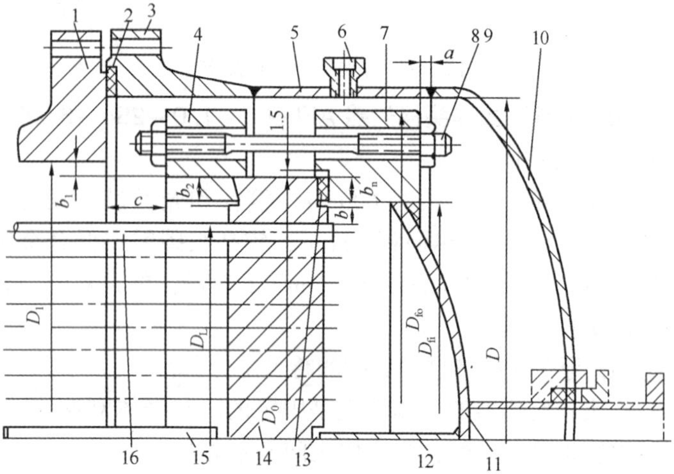

图 2－9　浮头结构

1—外头盖侧法兰；2—外头盖垫片；3—外头盖法兰；4—钩圈；5—短节；6—排气口或放液口；7—浮头法兰；8—双头螺柱；9—螺母；10—封头；11—无折边球面封头；12—分程隔板；13—垫片；14—浮头管板；15—挡板 16—换热管

12. 浮头式换热器的优点有哪些？

(1) 浮头式换热器的一端管板由螺栓固定，另一端管板能自由移动。当管束与壳体伸长时，两者互不牵制，因而不会产生温差应力。

(2) 浮头部分由浮头管板、钩圈与浮头端盖相连，是可拆卸连接。因此，容易抽出管束，管内管外都能进行清洗，也便于检修。

(3) 在浮头设计和制造时，浮头管板的外径小于壳体内径，两直径之差尽量小，但不能小于10mm，这样，既便于抽出管束，又不致造成过多的旁路间隙。

(4) 钩圈一般采取对开的形式，以便于装拆，却结构紧凑。

(5) 管板外径与钩圈内径的间隙控制在0.2~0.4mm之间，当螺栓上紧后，间隙就消失，管板对钩圈便可起到支撑和加固作用，保证密封的可靠性。

13. 浮头式换热器的缺点有哪些?

(1) 结构固定管板式换热器复杂，造价高。

(2) 在运行中浮头处发生泄漏，不易检查处理。

(3) 它是用于壳体和管束温差较大或壳程介质易结垢的条件。

14. 浮头式换热器适用于哪些地方?

浮头式换热器适用于管壳温差较大、介质不清洁、需经常清洗的场合。

15. 浮头式换热器有那些主要部件?

主要部件有：管束、折流板、防冲板、拉杆、定距管、壳体、管箱、管板、进口法兰、出口法兰、浮动管板、浮头法兰、浮头盖、浮头钩圈、浮头垫片、外头盖法兰、外头盖侧法兰、外头盖、外头盖垫片、放气口、排液口、管箱法兰、管箱侧法兰、管箱垫片、管箱侧垫片、固定鞍座、活动鞍座。

16. 浮头式换热器小浮头螺栓选用要注意哪些问题？

（1）长度；

（2）湿 H_2S 应力腐蚀；

（3）温度。

17. 浮头式换热器 AES500－1.6－54－6/25－4I 的含义是什么？

平盖管箱，公称直径 500mm，管程和壳程的设计压力均为 1.6MPa，公称换热面积 $54m^2$，较高级碳钢或低合金钢冷拔换热管外径 φ25mm，管长 6m，4 管程，单壳程的浮头式换热器。

18. 浮头冷凝器 BJS1200－2.5/1.0－610－9/25－4Ⅱ的含义是什么？

封头管箱，公称直径 1200mm，管程设计压力 2.5MPa，壳程设计压力 1.0MPa，公称换热面积 $610m^2$，普通级碳钢或低合金钢冷拔换热管外径 φ25mm，管长 9m，4 管程，单壳程的浮头冷凝器。

19. 固定管板式换热器适用于哪些地方？

固定管板式换热器适用于壳程介质清洁，不易结垢，介质温差比较小的场合。

20. 固定管板式换热器是由哪些部件组成的？

固定管板式换热器的管端以焊接或胀接的方法固定在管板上，管板与壳体以焊接的方法相连。它的主要部件有管箱管板管子膨胀节定距管折流板(有的是折流杆)等。

21. 固定管板式换热器的结构特点有哪些？

在壳体中设置有平行管束，管束的两端用焊接或膨胀的方法固定在管板上，两端管板直接和壳体焊接在一起，壳体的进出管直接焊接在壳体上，装有进口或出口管的封头管箱用螺栓与管板紧固。管束内根据换热器的长度设置了若干块折流板。这种换热器，管程可用隔板分成任何程数。

22. 固定管板式换热器有哪些主要部件？

主要部件有：管束，折流板，拉杆，定距管，壳体，管箱(顶盖)，管板，进口法兰，出口法兰，管箱法兰，管箱垫片，固定鞍座，活动鞍座，耳式支座，膨胀节。

23. 固定管板式换热器 BEM700－2.5/1.6－200－9/25－4I 的含义是什么？

封头管箱，公称直径 700mm，管程设计压力 2.5MPa，壳程设计压力 1.6MPa，公称换热面积 200m^2，较高级碳钢或低合金钢冷拔换热管外径 ϕ25mm，管长 9m，4 管程，单壳程的固定管板式换热器。

24. 铜管固定管板换热器 BEM800－2.0/1.0－254－6/19Cu－4 的含义是什么？

封头管箱，公称直径 800mm，管程设计压力 2.0MPa，壳程设计压力 1.0MPa，公称换热面积 254m^2，换热管采用铜管，换热管外径 ϕ19mm，管长 6m，4 管程，单壳程的固定管的固定管板式换热器。

25. 螺旋板式换热器的特点有哪些？

(1) 对于液体的加热和冷却，其两侧介质均流经逆流螺旋矩形通道。

(2) 螺旋状的二次流和定距柱可使传热强化，在低流速下就达到湍流。

(3) 允许较高的流速，此外还可在小温差下换热。

(4) 有自清洗污垢作用。

(5) 结构紧凑，占地小。

(6) 可耐高温差等。

26. 螺旋板式换热器结构和特点有哪些？

螺旋板式换热器是由两张平行的钢板卷制成具有两个螺旋通道的螺旋体，然后在其端部安装圆形盖板并配制流体进、出口接管而组成。如图 2－10 所示，螺旋通道的间距靠焊在钢板上的定距撑来保证。两种流体分别在两个螺旋通道内逆向流动，一种由中心螺旋流动到周边，另一种由外周边螺旋流动到中心。这种换热器在结构上对热膨胀可不考虑，通道中流体流动均匀、压降小、两流体可完全呈逆流，允许较高的流速，流体中悬浮物不易沉淀、不易出现堵塞现象，传热效率比管壳式换热器高 40% 左右；结构紧凑、制造简单、材料利用率高、造价低，定距撑对螺旋板起到增加刚度的作用。但耐压能力差且不易清洗和修理。这种换热器适用于处理温度 450℃以下，压力不超过 2.5MPa，含固体颗粒或纤维的悬浮液以及其他高黏性流体。

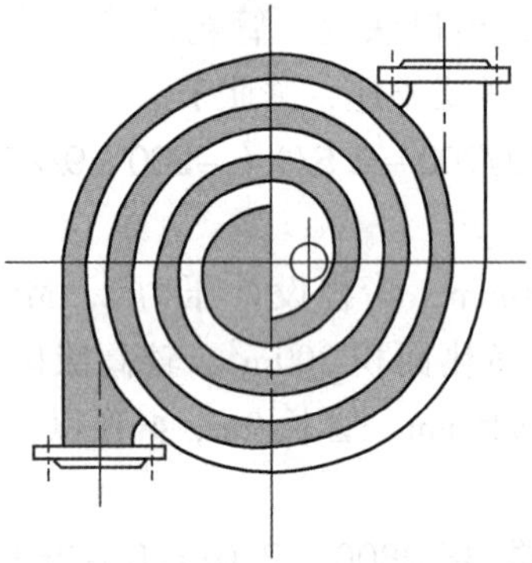

图 2－10　螺旋板式换热器

27. 螺旋板换热器的主要结构部件有哪些？

螺旋板换热器由螺旋板、定距柱、中心管和端盖等部件组成。

28. 板(片)式换热器的适用范围如何？

板(片)式换热器适用于无相变的液液传热，也可用于冷凝。对于板式冷凝器只是将其角度放大，以适合较大的气相流量，其传热板的波纹要适合冷凝液的流通。

29. 板式换热器的特点有哪些?

(1) 与管壳相比，尽管其压力降很大，但由于流体在凹凸的板面上流动，而流道反复膨胀和收缩，使其在同样压差下具有较高的传热效率。

(2) 传热膜系数要比管壳式高 2 ~4 倍，还可实现理想的逆流换热，有效对数平均温差比管壳式为高。

(3) 占地面积比管壳式小，可适应热载荷变化，传热板片可随时检查清洗和更换(增加或减少)，又可实现两种以上的流体间换热。

(4) 板片是由金属薄板冷压而成的，因此可用热加工性能不好的材料：板片厚度一般为 0.5 ~1.2mm。比管壳式要小一半，因而其热阻较低，所需传热温差小，可实现两流体温度相接近的(温差为 1℃)换热状态和热量的回收。

(5) 滞热量很小，不宜结垢，污垢热阻小，适用于热敏性物料的传热。板间距小(2 ~6mm)，即当量直径为 4 ~10mm。黏度高至 50Pa · s 的物料也可适应。

(6) 有一个很长的密封周边，需要用橡胶垫圈密封，因而限制了使用范围，最大允许压力与温度大大低于管壳式。且由于流道很狭窄，不适用于含有大颗粒固体的流体通过，尤其是纤维状杂物，以防堵塞各流道进出口。

30. 板式换热器主要构成部件有哪些?

板式换热器主要由板片、密封垫片、压紧板和轴等部件组成。

31. 板式蒸发器的性能、特点有哪些?

(1) 板式蒸发器是一种高效、紧凑、新型的蒸发设备。尤其是在压力低于 1.5MPa、温度低于 150℃条件下更具特色，其性能超过管式蒸发设备。

（2）它综合了薄膜传热理论和板式换热器原理，传热系数高，结构紧凑，单位容积传热面积大，灵活。

（3）板式蒸发器不是之处是压力和温度不能过高，因板片很薄，压力过高易渗漏。

32. 板面式换热器有哪几种常见类型？

板面式换热器类型较多，常见的有螺旋板式换热器、板片式换热器、板翅式换热器。

33. 板片式换热器的结构和特点有哪些？

板片式换热器是以波纹板作为换热元件，其传热系数比管壳式换热器高 2～4 倍，结构紧凑、体积小、重量轻、节省材料、操作灵活性大，适用范围广。一般使用压力在 1.6MPa 以下，使用温度不超过 150℃，可用于加热、冷却、冷凝、蒸发等过程。但密封周边较长、泄漏的可能性大，不易处理堵塞的物料。板片式换热器主要由波纹板片、密封垫片及压紧装置等组成。其一般结构如图 2－11 所示。

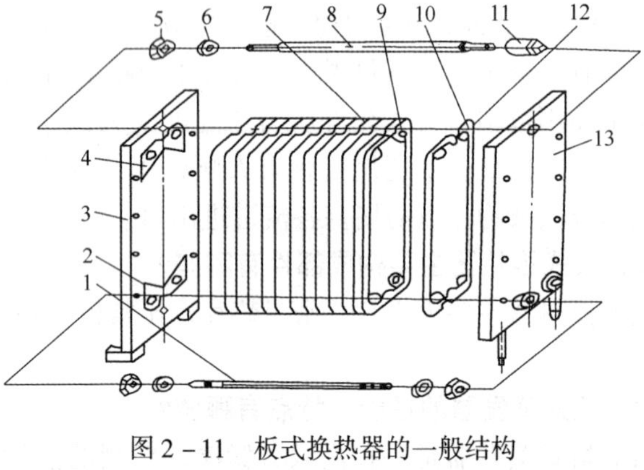

图 2－11　板式换热器的一般结构

1—压紧螺杆；2、4—固定端板垫片；3—固定端板；5—六角螺母；6—小垫圈；7—传热板片；8—定位螺杆；9—中间垫片；10—活动端板垫片；11—定位螺母；12—换向垫片；13—活动端板

34. 板式换热器的主要优点有哪些?

(1) 总传热系数高;

(2) 占地面积小;

(3) 多种介质换热;

(4) 对数平均温差大;

(5) 末端温差小;

(6) 使用方便。

35. 板式换热器的主要缺点有哪些?

(1) 板式换热器的每张板片上都有一个由弹性材料制造的密封垫圈, 密封周边很长, 密封系统刚性差、结构特殊, 特别是在导流区的二道密封处, 支承薄弱, 又离压紧螺柱较远, 得不到足够的压紧力, 所以承受不了较高的工作压力。

(2) 板式换热器的工作温度, 决定于密封垫圈材料所能承受的温度。橡胶类垫圈, 不同的胶种, 有其相应的工作温度范围, 但均不超过 200℃; 石棉垫圈的最高工作温度为 250~260℃。

(3) 由于板间流道的平均间隙为 3~5mm, 且流道曲折多变, 当换热介质中含有较大的颗粒或纤维时, 流道很容易堵塞。所以对这样的换热场合, 要在换热器的入口装过滤器, 或选择特殊的大间隙板式换热器。

36. 板式换热器设计计算的目的是什么?

板式换热器设计计算的目的是: 在给定的工况下, 求取换热器的换热面积和其流程组合, 或是已知换热器, 校核该换热器能否满足给定的使用工况。这两者仅是计算的步骤不同, 而涉及的计算公式是相同的。

37. 板翅式换热器的应用范围如何?

(1) 板翅式换热器已广泛用于空气分离、石油化工、原子能工业、动力机械、车辆、船舶和航空等领域。

(2) 我国已能生产出多种规格的板翅式换热器，可满足并流、逆流、错流、错逆流和多股流换热，可进行气液、气气、液液间的冷却、冷凝和蒸发等换热过程，同一设备中可允许 2 ~ 9 种介质同时换热。

38. 板翅式换热器的主要构成部件有哪些?

板翅式换热器主要由板束、分配段和集流箱(封头)等组成。

39. 板翅式换热器的结构和特点有哪些?

板翅式换热器的基本结构是由翅片、隔板及封条三部分组成，如图 2 - 12 所示。在相邻两隔板之间放置翅片及封条组成一夹层，称之为通道，也就是板翅式换热器的一个基本单元，将若干个基本单元按流体的不同流向叠置起来钎焊成整体，即构成板束。一般情况下，板束两侧还各有 1 ~ 2 层不走流体的强度层或称之为假通道，再在板束上配置流体进出口分配段和集流箱就组成了一台完整的板翅式换热器。板翅式换热器由于翅片对流体造成扰动，从而使热边界层不断破裂更新，所以传热系数较高，其与管壳式换热器传热系数比较见表 2 - 1。

表 2 - 1　板翅式换热器与管壳式换热器传热系数

$W/(m^2 \cdot K)$

传热情况	板翅式	管壳式
强制对流空气	35 ~ 350	12 ~ 35
强制对流水	580 ~ 5800	226 ~ 1745
水蒸气冷凝	4650 ~ 17450	290 ~ 4650

这种换热器还具有结构紧凑、重量轻等优点，对铝制板翅式换热器，其单位体积传热面积可达 1500 ~ 2500m²/m³，相当于管壳式换热器的 8 ~ 12 倍，重量仅为具有相同换热面积的管壳式换热器的 1/10。可广泛用于气—气、气—液、液—液之间各种不同流体的换热。这种换热的缺点是制造工艺复杂，要求严格、容易堵塞，清洗和检修比较困难。

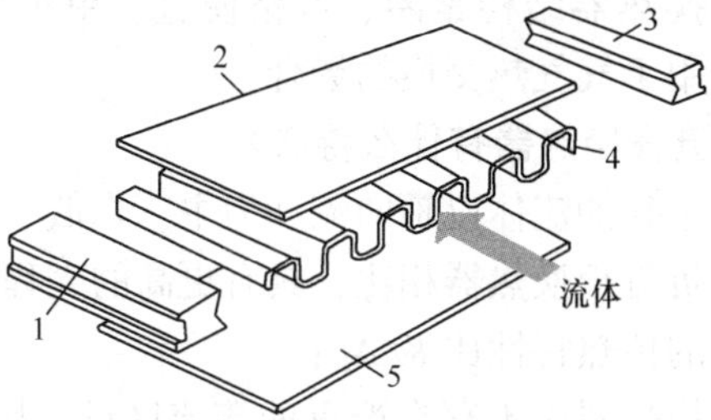

图 2 – 12 板翅式换热器板束单元结构

1、3—封条；2、5—隔板；4—翅片

40. 板翅式换热器的板束单元结构是怎样的？

板翅式换热器的结构形式很多，但其板束的单元结构是基本相同的。主要是由翅片隔板和封条三部分组成，在相邻的两隔板之间放置翅片及封条组成一夹层称之为通道。将这样的通道按流体要求的不同流动方式叠置排列，并钎焊成整体，便组成了不同流道的板束。

41. 板翅式换热器翅片的作用及其形式有哪些？

（1）翅片是板翅式换热器最基本的元件，其作用是扩大传热面积，提高换热器的紧凑性，提高传热效率。

（2）翅片也兼作隔板支撑，以提高换热器的强度和承压能力。

（3）翅片的形式很多，目前常用的有平直形、锯齿形、多孔形和波纹形等。

42. 直接接触式换热器的优点有哪些？

直接接触式换热器具有传热效率高、单位容积提供的传热面积大、设备结构简单、价格便宜等优点。

43. 蓄热式换热器的优点有哪些？

蓄热式换热器结构紧凑、价格便宜、单位体积传热面大、较适合用于气气热交换的场合。

44. 折流杆换热器有什么特点？

（1）由于壳侧流体以轴向流动为主，降低了壳侧压降；

（2）与折流板换热器相比，具有更高的壳程单位压降与总传热系数的传热特性比 $K/\Delta p$；

（3）在换热器内不存在严重的滞流区域，因而效益高，具有不易结垢的优点。折流杆结构如图 2－13 所示。

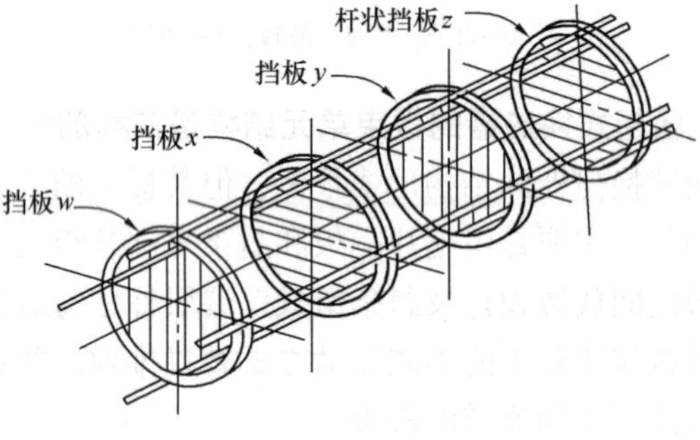

图 2－13　折流杆组装示意图

45. 水浸式冷却器的结构和特点有哪些？

水浸式冷却器也称箱式冷却器，其结构如图 2－14 所示；在长方形水箱中放入一组或几组由弯头和直管连接而成的蛇形盘管，管径一般为 75～150mm，材料多为铸铁或普通碳钢。这种冷却器由于储水量大，当临时停水时水箱内仍有一定量的冷却水，不致使管内高温气引起火灾的危险，使用较为安全；结构简单，便于清洗和维护；采用铸铁管时有较强的耐腐蚀性，但基本属于自然对流传热，且管外易积垢，故传热效率为高；水箱体积庞大、占地面积多、紧凑性差，所以近年来炼油生产中很少采用，在冷冻和制氧业中用得较多。

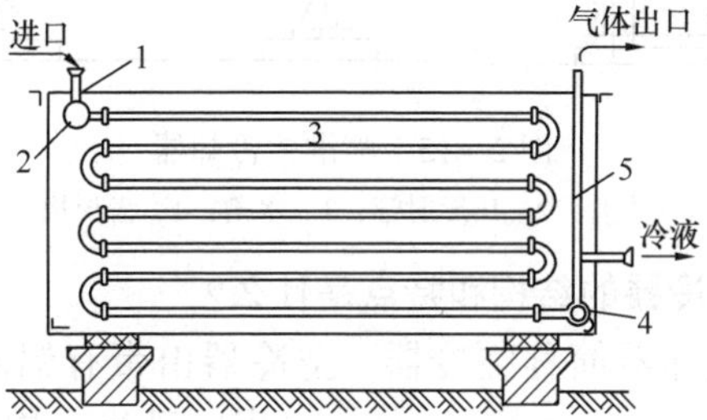

图 2－14　水浸式冷却器

1—进口；2、4—集合管；3—蛇管；5—气体出口

46. 水浸式换热器有哪些主要部件？

水浸式换热器主要部件有：进口管、出口管、集合管、蛇管、冷却水箱。

47. 喷淋式冷却器的结构和特点有哪些？

喷淋式冷却器是将蛇管成排固定在钢架上，如图 2－15 所示。被冷却的流体在管内流动，冷却水由管排上方喷淋装置均匀淋下，水在管壁上形成薄膜易蒸发且水的汽化潜热较大，冷却效果好。这种冷却器一般都安装在露天，除了水的冷却作用外，还有空气对流传热，所以与水浸式相比传热效率高，水的用量也少，检修和清洗也较方便。但体积较大，紧凑性差，而且管壁长期受风吹水淋，易于腐蚀。

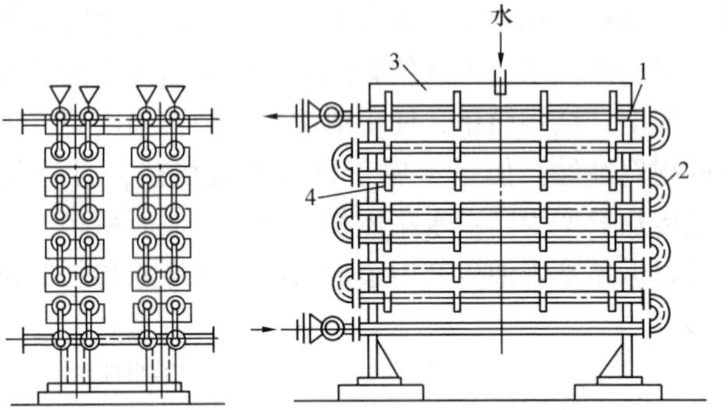

图 2－15　喷淋式冷却器

1—直管；2—U 形肘管；3—水槽；4—齿形檐板

48. 空冷器的结构和特点是什么？

空气冷却器简称空冷器。空冷器由带有铝制翅片的管束、风机、构架等组成，如图 2－16、图 2－17 所示。依靠风机连续向管束通风，使管束内流体得以冷却，由于空气传热系数低，故采用翅片管增加管子外壁的传热面积，提高传热效率。空冷与水冷相比不仅可节约大量的冷却水，而且投资和操作费用也较低。

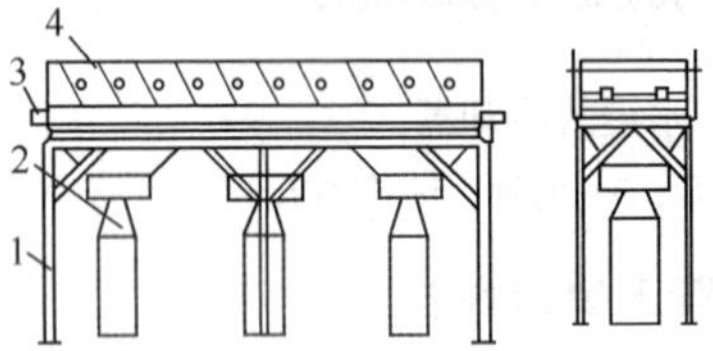

图 2－16　卧式空冷器

1—构架；2—风机；3—管束；4—百叶窗

49. 列管式换热器的排列有三角形排列和正方形转 45°角排列，为什么？

三角形排列和正方形转 45°角排列各有其优缺点。三角形排列的优点是紧凑，传热效率高，在同样的管板面积上排管数最多，比正方形排列约多 15%，但不易清洗管子外表

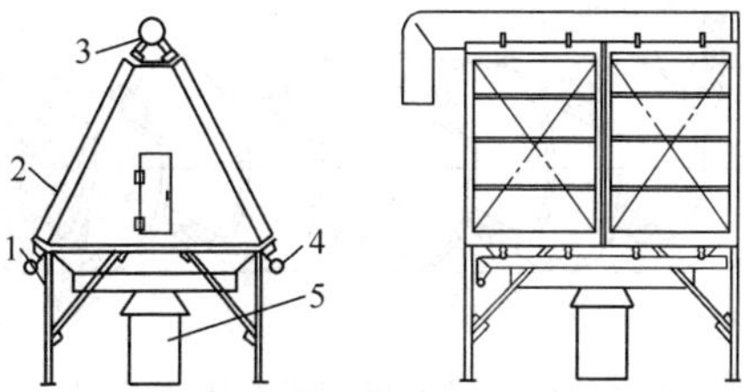

图2-17　斜顶式空冷器

1—构架；2—管束；3—介质入口；4—介质出口；5—风机

面；而正方形转45°角排列清洗管子外表面较方便，但排管数量比三角形排列少的多。

50. 列管式换热器中，为什么管径分别选用φ32、φ25、φ19、φ16？

管径的大小会直接影响换热器的性能。管径小，给热系数大，在相同容积内有效传热面积也大。这样既可使结构紧凑，又节省材料。但管径过小时也会带来不利影响，对于相同流速的流体，管径越小，流动时受到的阻力越大，其压力损失也随之增加，此外过细的管子还容易被污物堵塞，使得清扫困难，因此换热器的管径一般为$\phi16 \sim \phi32$。

51. 列管式换热器中折流板(折流杆)有什么作用？

换热器中折流板(折流杆)可以起到改变壳程内流体的流向，提高壳程内流体的流速，增加介质的湍流程度，提高传热效率以及支撑管束的作用，如图2-18、图2-19所示。

52. 为什么列管式换热器有单管程、两管程、四管程、六管程、八管程？

当换热器的总管数相同时，增加管程数可以使每程管子中的流速变大，因此可以增加给热系数和减少所需传热面

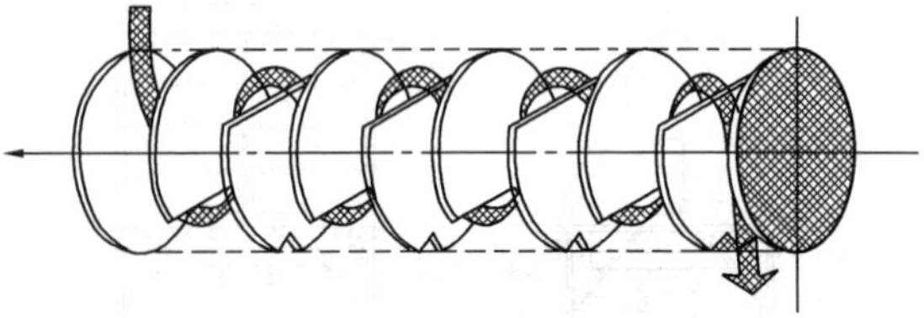

图 2－18　弓形折流板介质流动图

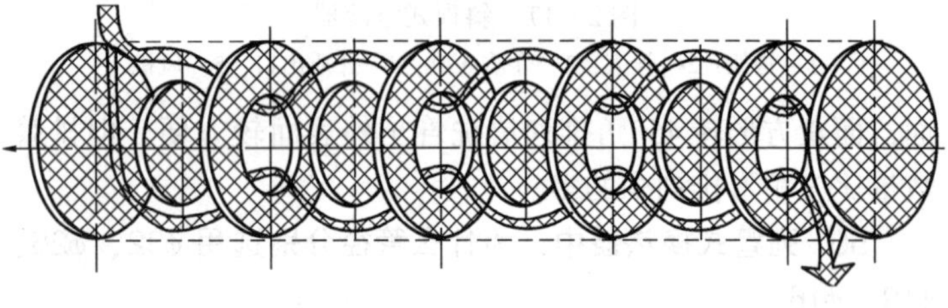

图 2－19　圆盘圆环形折流板介质流动图

积。但同时也增大了压力降，并使流体不能全以逆流方式换热，而且换热器结构更加复杂。所以一般采用的管程数不少于 2，不大于 8，具体应根据实际工艺要求来选择。

53. 列管式换热器中常用列管的材料有哪些？

常用列管的材料有：10 #、20 #、12CrMo、15CrMo、0Cr13、10Cr13、10Cr5Mo、06Cr18Ni9Ti、10Cr18Ni9Ti、钛管、410、321 等等。

54. 套管式换热器有哪些主要部件？

套管式换热器主要部件有：内管、外管、回弯头。

55. 喷淋式换热器有哪些主要部件？

喷淋式换热器主要部件有：管束、风机、水喷嘴、排水管、给水泵。

56. 换热器结构材料有哪些？

换热器结构中使用了各种各样的材料。材料可以是金属或非金属如玻璃、石墨、陶瓷和塑料。前面已讨论了换热器选材的原则，在这里介绍一般适于在换热器中使用的材料的性能、冶金、耐蚀性和制造包括焊接。

(1) 铸铁；

(2) 碳钢；

(3) 低合金钢；

(4) 不锈钢：马氏体、奥氏体、铁素体、超级铁素体、双相钢、超高奥氏体；

(5) 铝和铝合金；

(6) 铜和铜合金；

(7) 镍和镍合金；

(8) 钛和钛合金；

(9) 锆；

(10) 钽；

(11) 石墨；

(12) 玻璃；

(13) 聚四氟乙烯；

(14) 陶瓷。

57. 换热器管材选择有何要求？

除了选择管子本身的材料之外，还必须考虑如下因素：

(1) 管板的材料；

(2) 管子装入管板的方法，例如滚压胀接、爆炸胀接或者熔融焊接；

(3) 端盖的材料；

(4) 至于水冷却单元，可能需要防腐措施，例如在水箱表面的涂层，用阴极保护来保护水箱、管板和管端头；防止生成氧化皮、结垢和腐蚀，进行水处理也是必需的。

（5）管材选择除考虑与环境相匹配，在涉及到的各种电解质中，管子与其他零部件之间也必须相互匹配以避免额外的电偶腐蚀。

58. 非金属换热器的材料主要有哪些？

制造换热器的非金属材料有石墨、氟塑料、玻璃及陶瓷等。前二者应用广泛，是换热器主要采用的非金属材料。

59. 管箱有何作用？

管箱的作用是将进入管程的流体均匀分布到换热管，把管内流体汇集在一起送出换热器。在多管程式换热器中，管箱还可通过设置隔板起分隔管程、改变流体方向的作用，如图 2－20 所示。

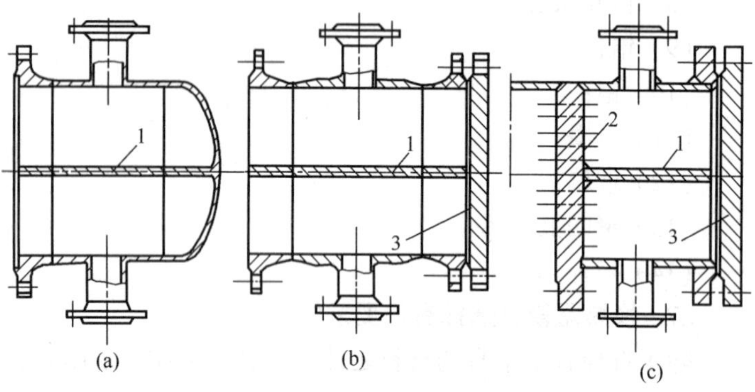

图 2－20　管箱结构形式

1—隔板；2—管板；3—箱盖

60. 折流挡板的作用是什么？

折流板的主要作用是支撑管子和改变流体的流动方向和流速。

61. 折流板的类型有哪些?

折流板主要有螺旋挡板、孔流式折流板、半月型折流板、圆缺型板四种类型。

62. 管板和换热管的连接形式有哪几种?

管板和换热管间可采用胀接、焊接或二者并用的连接方式。

63. 换热管在管板上的排列形式有哪些?

换热管在管板上的排列形式有正三角形、转角正三角形、正方形和转角正方形等。如图 2-21 所示；三角形排列布管多，结构紧凑，但管外清洗不便；正方形排列便于管外清洗，但布管较少，结构不够紧凑。一般在固定管板式换热器中多用三角形排列，浮头式换热器多用正方形排列。

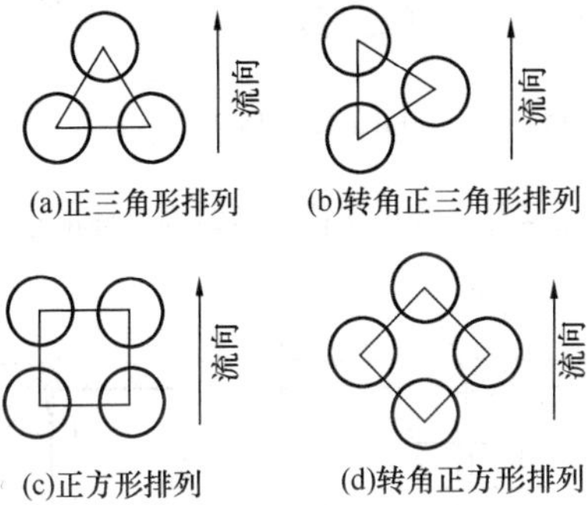

图 2-21　换热管的排列形式

64. 壳体与管板如何连接?

管壳式换热器的壳体都是圆筒形的，直径较小时用无缝钢管制作，直径较大时用钢板卷制焊接而成；壳体所用材料及要求与一般的压力容器相同。不同类型的管壳式换热器其壳体与管板的连接方式不同，在固定管板换热器中，两端管板均与壳体采用焊接连接，这种连接称为管板与壳体的不可拆连接；根据管板是否兼作法兰其结构不同，如图 2－22、图 2－23 所示，多数情况下采用管板兼作法兰的结构。在浮头式、U 形管式换热器中固定端的管板与壳体采用可拆连接，将管板夹持在壳体法兰与管箱法兰之间，这样便于管束从壳体中抽出进行清洗和维修，如图 2－24 所示。

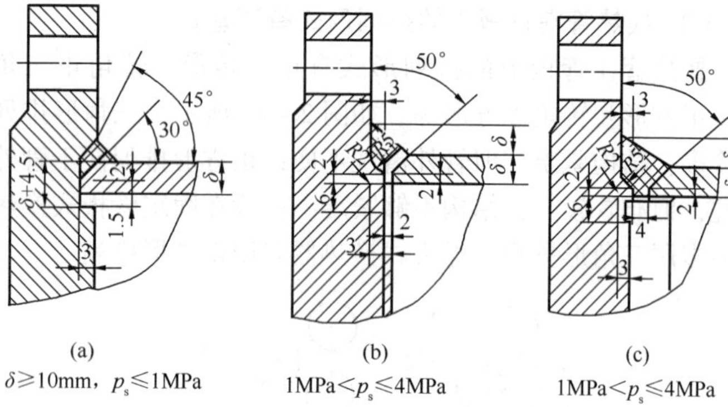

图 2－22　管板兼作法兰时与壳体的连接

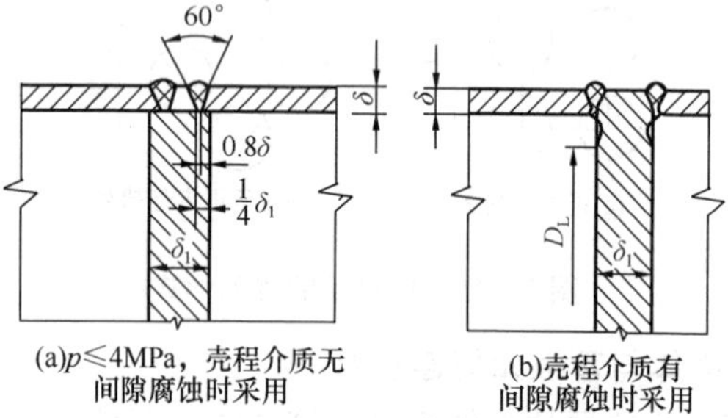

图 2－23　管板不兼作法兰时与壳体的连接

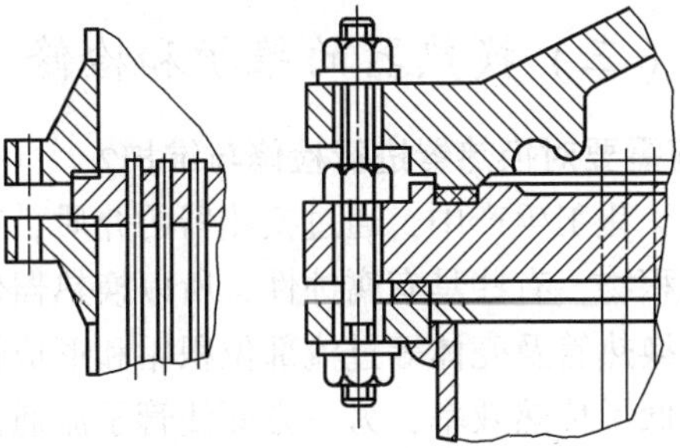

图 2－24　壳体与管板的可拆连接

65. 换热器管子的排列形式有几种？

换热器管子的排列形式有三角形、转角三角形、正方形和转角正方形四种。

66. 为什么换热器支座的螺栓孔有圆形的，也有长条圆形的？

固定支座上的螺栓孔是圆形的，目的是为了能把壳体紧紧固定在基础上。活动支座上的螺栓孔是长条圆形的，目的是使壳体在受到温度变化时能自由地伸缩，避免产生较大的应力，以保护设备。

67. 常用的换热器垫片有哪些？

常用的换热器垫片有耐油石棉垫、铁包垫、波齿垫、金属垫。

68. 重沸式换热器 AKT600/1200－2.5/1.0－90－6/25－2Ⅱ的含义是什么？

平盖管箱，管箱内径 600mm，圆筒内直径 1200mm，管程设计压力 2.5MPa，壳程设计压力 1.0MPa，公称换热面积 $90m^2$，普通级碳钢或低合金钢冷拔换热管外径 ϕ25mm，管长 6m，2 管程的重沸器。

（三）换热器的维护和检修

1. 为何需要对换热器进行检修与维护？

在炼油、化工生产中，通过换热器的介质，有些含有焦炭及其他沉积物，有些具有腐蚀性，所以换热器使用一段时间后，会在换热管及壳体等过流部位积垢和形成锈蚀物；这样一方面降低了传热效率，另一方面使管子流通截面减小而流阻增大，甚至造成堵塞。另外，介质腐蚀也会使管束、壳体及其他零件受损；设备长期运转振动和受热不均匀，使管子胀接口及其他连接处也会发生泄漏。这些都会影响换热器的正常操作，甚至迫使装置停工，因此对换热器必须加强日常维护，定期进行检查、检修，以保证生产的正常进行。

2. 换热器的日常维护包括哪些内容？

换热器的运转周期应和生产装置的生产周期一致，为了保证换热设备的正常运转，满足生产装置的要求，除定期进行检查、检验外，日常的维护和修理也是不可缺少的。日常操作应特别注意防止温度、压力的波动，首先应保证压力稳定，绝不允许超压运行。在开停工进行扫线时最易出现泄漏问题，如浮头式换热器浮头处易发生泄漏，维修时应先打开浮头端外封头从管程试压检查，有时会发现浮头螺栓不紧，这是由于螺栓长期受热产生了塑性变形所致。通常采取的措施是当管束水压试验合格后，再用蒸汽试压，当温度上升至150～170℃时，可将螺栓再紧一次，这样浮头处密封性较好。换热器故障大多数是由管子引起的，对于由于腐蚀使管子穿孔应及时更换，若只是个别管子损坏而更换又比较困难时，可用管堵将坏管两端堵死。管堵材料的硬度应不超过管子材料的硬度，堵死的管子总数不得超过该管程总管数的

10%。对易结垢的换热器应及时进行清洗，以免影响传热效率。

3. 换热器的日常维护有哪些？

(1) 装置系统蒸汽吹扫时，应尽可能避免对有涂层的冷换设备进行吹扫，工艺上确定避免不了，应严格控制吹扫温度(进冷换设备)不大于200℃，以免造成涂层破坏。

(2) 装置开停工过程中，换热器应缓慢升温和降温，避免造成压差过大和热冲击，同时应遵循停工时“先热后冷”，即先退热介质，再退冷介质；开工时“先冷后热”，即先进冷介质，后进热介质。

(3) 在开工前应确认螺纹锁紧环式换热器系统通畅，避免管板单面超压。

(4) 认真检查设备运行参数，严禁超温、超压。对按压差设计的换热器，在运行过程中不得超过规定的压差。

(5) 操作人员应严格遵守安全操作规程，定时对换热设备进行巡回检查，检查基础支座稳固及设备泄漏等。

(6) 应经常对管、壳程介质的温度及压降进行检查，分析换热器的泄漏和结垢情况。在压降增大和传热系数降低超过一定数值时，应根据介质和换热器的结构，选择有效的方法进行清洗。

(7) 应经常检查换热器的振动情况。

(8) 在操作运行时，有防腐涂层的冷换设备应严格控制温度，避免涂层损坏。

(9) 保持保温层完好。

4. 换热器日常检查的内容有哪些？

检查内容包括设备是否存在泄漏，保温或保冷是否良好，无保温和保冷的设备局部有无明显变形，基础或支撑吊架是否良好。设备是否存在超温超压等。对现场有安全附件的换热器，要检查安全附件是否良好，用听棒判断设备是否存在异常声响，确认设备内换热器是否存在相互摩擦和振动等。

5. 换热器检修前的准备工作有哪些？

（1）掌握运行情况，备齐必要的图纸资料。

（2）准备好必要的检修工具及试验胎具、卡具等。

（3）内部介质置换清扫干净，符合安全检修条件。

6. 换热器的检修检查内容有哪些？

（1）宏观检查壳体、管束及构件腐蚀、裂纹、变形等。必要时采用表面检测及涡流检测抽查。

（2）检查防腐层有无老化、脱落。

（3）检查衬里腐蚀、鼓包、褶折和裂纹。

（4）检查密封面、密封垫。

（5）检查紧固件的损伤情况。对高压螺栓、螺母应逐个清洗检查，必要时应进行无损探伤。

（6）检查基础有无下沉、倾斜、破损、裂纹，及其他地脚螺栓、垫铁等有无松动、损坏。

7. 换热器检修与质量标准有哪些？

（1）在换热器管束抽芯、装芯、运输和吊装作业中，不得用裸露的钢丝绳直接捆绑。移动和起吊管束时，应将管束放置在专用的支承结构上，以避免损伤换热管。

（2）管束内、外表面结构应清理干净。

（3）管箱、浮头有隔板时，其垫片应整体加工，不得有影响密封的缺陷。

（4）管束堵漏，在同一管程内，堵管数一般不超过其总数的 10% 。在工艺指标允许范围内，可以适当增加堵管数。

（5）所用零部件应符合有关技术要求，具有材质合格证。

（6）更换换热管。

（7）管束整体更换应按 GB 151—1999《钢制管壳式换热器》或设计图纸要求进行。

（8）壳体修补按 SHS 01004—2004《压力容器维护检修规程》的要求执行。

（9）密封垫片的更换按设计要求选用。

（10）换热器的螺栓、螺母需要更换时，应按设计要求选用。拧紧换热器螺栓时，一般应按照图 2－25 表示的顺序进行，并应涂抹适当的螺纹润滑剂或防咬合剂。

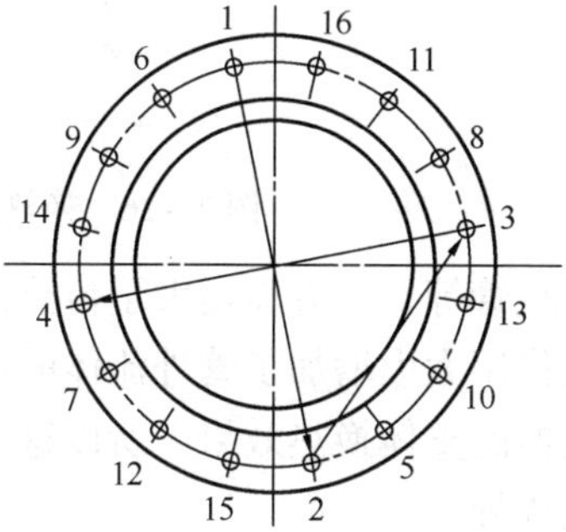

图 2－25　换热器螺栓螺母拧紧顺序

8. 换热器为何应定期清洗？

换热器运行一段时间后，传热壁面常有污垢积存，对传热产生附加热阻，使 K 值下降。通常污垢热阻较壁面热阻要大，因此在设计中必须考虑其影响，运行中的换热器应定期清洗。

9. 换热器的清洗方法有哪几种？

常用的清洗方法有风扫、水洗、汽洗、化学清洗和机械清洗，如图 2－26 所示。

10. 换热管表面结构对换热效果有何影响？

采用特殊设计的换热管表面结构，如翅片管、钉头管、

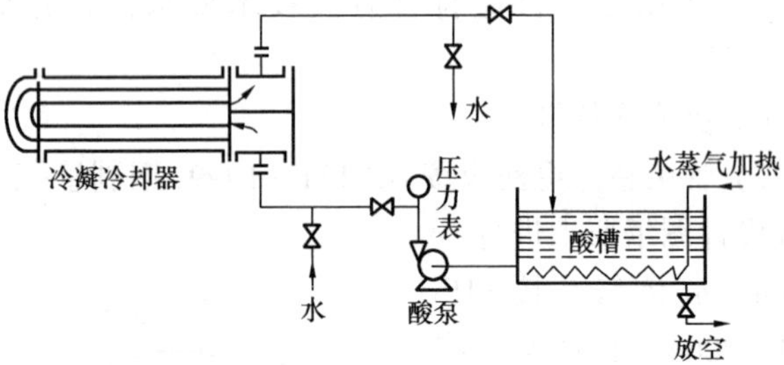

图 2－26　换热器酸洗法流程

螺纹管等，一方面增大了传热面积，另一方面特殊表面的扰流作用大大增加了管外流体的湍流程度，两方面都能提高换热器的整体换热效果，所以这些表面结构要比光管表面的性能优异。

11. 换热管表面除垢目前常用有那些方法？

换热管表面除垢常用方法有：钢钎人工清垢、机械除垢、压力水清垢、化学除垢(包括停车清洗和在线清洗)、超声波除垢等。

12. 换热管表面防垢有哪些方法？

(1) 镍磷镀；

(2) 化学涂层，847 涂料；

(3) 在冷水管道安装超声波防垢器。

13. 换热设备强化传热有哪些常用方法？

换热设备强化传热的主要方法，一是采用增大传热表面的结构，如：

(1) 采用翅片管、钉头管、螺纹管、波纹管等螺环管；

(2) 管表面进行机械加工螺旋槽管、螺纹管等；

(3) 采用小管径管子，可增加相同管板面积上的布管

数，增大传热面积

二是增加流体在换热器内的流速，可以大大提高其传热系数，如：

(1) 增设扰流子，如在管中插入螺旋带，管外设置折流板，假管等。

(2) 增加管程或壳程数目。

另外，采用导热性能良好的材料来制造换热器，做好换热器防腐防垢措施，及时清垢等都是提高传热效果的手段。

14. 冷却水换热器为什么会产生水垢?

水垢是由水中的溶解盐类结晶析出，附着于换热器管壁上而形成的，它的特点是密实坚硬，附着牢固，清除困难。水中大量存在的悬浮粒子可以成为晶种，其他杂质离子，细菌，粗糙的金属表面等都对结晶过程有强烈的催化作用，大大降低了结晶析出所需的过饱和度，因此冷却水换热器很容易产生水垢。

15. 换热器更换换热管的质量标准有哪些?

(1) 管子表面应无裂纹、折叠、重皮等缺陷。

(2) 管子需拼接时，同一根换热管，最多只准一道焊口(U形管可以有两道焊口)。最短管长不得小于300mm，而U形管弯管段至少50mm长直管段内不得有拼接焊缝，对口错边量应不超过管壁厚的15%，且不大于0.5mm。

(3) 管子与管板采用胀接时应检验管子的硬度，一般要求管子硬度比管板硬度低30HB。管子硬度高于或接近管板硬度时，应将管子两端进行退火处理，退火长度比管板厚度长80~100mm。

(4) 管子两端和管板孔应干净，无油脂等污物，并不得有贯通的纵向或螺旋状刻痕等影响胀接紧密性的缺陷。

（5）管子两端应伸出管板，其长度为(4±1)mm。

（6）管子与管板采用焊接时，管子的切口表面应平整，无毛刺、凹凸、裂纹、夹层等，且焊接处不得有熔渣、氧化铁、油垢等影响焊接质量的杂物。

16. 换热器的常见故障及处理包括哪些方面？

换热器的常见故障及处理见表2－2。

表2－2　换热器的常见故障及处理

序号	故障现象	故障原因	处理方法
1	两种介质互串(内漏)	换热管腐蚀穿孔、开裂； 换热管与管板胀口(焊口)裂开； 浮头式换热器浮头法兰密封漏； 螺纹锁紧环式换热器管板密封漏	更换或堵死漏管； 重胀(补焊)或堵死； 紧固螺栓或更换密封垫片； 紧固内圈压紧螺栓或更换盘根(垫片)
2	法兰处密封泄漏	垫片承压不足、腐蚀、变质； 螺栓强度不足，松动或腐蚀； 法兰刚性不足与密封面缺陷； 法兰不平行或错位； 垫片质量不好	紧固螺栓，更换垫片； 螺栓材质升级、紧固螺栓或更换螺栓； 更换法兰，或处理缺陷； 重新组对或更换法兰； 更换垫片
3	传热效果差	换热管结垢； 水质不好、油污与微生物多； 隔板短路	化学清洗或射流清洗垢物； 加强过滤、净化介质，加强水质管理； 更换管箱垫片或更换隔板

续表

序号	故障现象	故障原因	处理方法
4	阻力降超过允许值	过滤器失效； 壳体、管内外结垢	清扫或更换过滤器； 用射流或化学清洗垢物
5	振动严重	因介质频率引起的共振； 外部管道振动引发的共振	改变流速或改变管束固有频率； 加固管道，减小振动

17. 换热器出现两种介质互串(内漏)原因是什么?

(1) 换热器腐蚀穿孔、开裂；

(2) 换热器与管板胀口开裂；

(3) 浮头式换热器浮头法兰密封漏；

(4) 螺纹锁紧环式换热器管板密封漏。

18. 换热器出现两种介质互串(内漏)如何处理?

(1) 更换或堵死漏管；

(2) 重胀(补焊)或堵死；

(3) 紧固螺栓或更换密封垫片；

(4) 紧固内圈压紧螺栓或更换垫片。

19. 换热器法兰处密封泄漏的原因是什么?

(1) 垫片承压不足、腐蚀、变质；

(2) 螺栓强度不足，松动或腐蚀；

(3) 法兰刚性不足或密封面缺陷；

(4) 法兰不平行或错位；

(5) 垫片质量不好。

20. 换热器法兰处密封泄漏如何处理?

(1) 紧固螺栓，更换垫片；

（2）螺栓材质升级，紧固或更换螺栓；
（3）更换法兰或处理缺陷；
（4）重新组对或更换法兰；
（5）更换垫片。

21. 换热器传热效果差的原因是什么？

（1）换热管结垢；
（2）水质不好，油污与微生物多；
（3）隔板短路。

22. 换热器传热效果差如何处理？

（1）化学清洗或射流清洗垢污；
（2）加强过滤、净化介质、加强水质管理；
（3）更换管箱垫片或更换隔板。

23. 换热器阻力降超过允许值的原因是什么？

（1）过滤器失效；
（2）壳体、管内外结垢。

24. 换热器阻力降超过允许值如何处理？

（1）清扫或更换过滤器；
（2）用射流或化学清洗污物。

25. 换热器振动严重的原因是什么？

（1）因介质频率引起的共振；
（2）外部管道振动引发的共振。

26. 换热器振动严重如何处理？

（1）改变流速或改变管束固有频率
（2）加固管道，减小振动。

27. 换热器管箱管板螺栓紧固顺序怎样进行是正确的？

一般情况下采用对角＋十字方位进行紧固，要采用力矩扳手按照设计扭矩值进行紧固。

28. 换热器管箱管板紧固螺栓与螺母的材质等级一样吗？

不一样。换热器管箱管板紧固螺栓比螺母的材质等级高，螺栓材质硬度比螺母材质硬度高，是因为材质同样高，易损坏螺栓螺纹，导致螺栓失效不起紧固作用。安装时一般涂抹润滑剂或防咬合剂。

29. 管板垫片怎样保管？

一般情况下采用水平放置，可防止变形或损坏。

30. 固定管板换热器在什么组合载荷下，可能无法满足强度条件，而不得不采用其他形式的换热器(如U形管式)？

在很高的管程压力和很大的管壳程温差载荷联合作用下，可使固定管板换热器，无法满足强度要求。因为要降低很大的温差应力就要设置膨胀节，但这样又会使管子和管板在很高的管程压力作用下引起极大的应力，使其无法满足强度条件，因而选用其他换热器型式。

31. 板式换热器失效的主要原因有哪些？

密封失效、设备堵塞与结垢、腐蚀等。

32. 换热器发生泄漏的情形有哪些？

换热器由于流体介质的腐蚀、磨损、冲刷、装配拉伤以及管子本身存在的缺陷或壁厚偏差大等原因产生的裂纹、穿孔而发生泄漏。

33. 如何对泄漏的换热管进行修复？

(1) 管子在管口处的泄露一般可修复，但在管板内侧则无法修复。

(2) 如泄漏的管子数不多，堵管又能满足生产要求，则可以用圆锥形的金属堵头将管口两端堵塞，若管程压力较高时堵紧后还要进行焊接，以避免堵头冲脱。

34. 换热管金属堵头的加工要求有哪些？

金属堵头的长度通常加工成大端直径的2倍，小端直径应等于0.85倍管子内径尺寸，锥度为1：10。堵头材料选用硬度低于或等于管子硬度的材料。

35. 列管式换热器内漏有哪些原因引起？

换热器内漏可能有以下原因：

（1）换热管腐蚀穿孔，或断裂；

（2）管口腐蚀减薄引起泄漏；

（3）换热管与管板胀接处松动；

（4）换热管与管板焊接处产生裂纹，气孔或腐蚀穿孔；

（5）小浮头螺栓松动或断裂；

（6）小浮头垫片损坏；

（7）小浮头或浮动管板密封损坏。

36. 换热器检修后为什么要试水压？

换热器检修后试水压的目的是检查换热器是否有具有安全的承受设计压力的能力（即耐压强度），严密性，接口或接头的质量，焊接质量和密封结构的紧密程度。此外还可以观测受压后容器和管道的母材焊缝的残余变形量，及时发现材料存在的问题。

37. 列管式换热器检修时，对堵管的数目有什么要求？

管束个别管子腐蚀穿孔允许用经过加工的圆锥度为3°～5°的金属柱塞堵死。一般在同一管程内，堵死的管数不超过总管数的10%，但根据工艺上的要求，可以适当增加。

38. 为什么管板两侧的垫片必须选用同一种材料？

因为管板两侧的法兰紧固螺栓是同一螺栓，施加在管板两侧垫片的比压是一样的。如果两侧垫片选择不同材料，必然使其中一侧垫片比压不够而造成密封失效或另一侧的垫片比压过大而造成密封失效，因此管板两侧的垫片必须选用同一种材料。

39. 列管式换热器安装位置为什么有些是立置，有些是卧置(卧式)?

列管式换热器有些是立置而有些是卧置，主要从下面几个方面考虑：①生产工艺要求：如某些重沸器需要一定的介质液位高度，若采用卧置换热器，即无法达到液位高度的要求，因此必须选择立置换热器；②大型化：如果一个工艺单元换热面积需要数千平方米，若选择热管长度 6m 的卧置换热器，可能需要数台换热器，占地面积较大，不利于装置的空间有效布置，若选择换热管长度 12m 的立置换热器，1 台就可以解决问题；③减少压力降：有些生产工艺要求尽量减少介质输送过程的压力降，选择立置换热器并与塔器并列布置，使其缩短与塔器的连接管线，减少压力降。

40. 为什么有些地方选用套管式换热器、水浸式换热器，而另一些地方选用列管式换热器?

目前炼油、化工生产装置选择的换热设备，多数为列管式换热器，但在一些生产装置中，仍保留有少量的套管式换热器、水浸式换热器。列管式换热器虽然结构紧凑，换热效率较高，但由于换热管较小，若用于含有固体颗粒的介质，就容易造成堵塞。因此在含有固体颗粒的介质的地方，一般选用套管式换热器或水浸式换热器。

41. 管壳式换热器的检修周期如何规定?

根据《压力容器安全技术监察规程》的要求，结合企业的生产状况，统筹考虑。一般为 2 ~ 3 年。

42. 管壳式换热器的检修内容有哪些?

(1) 抽芯、清扫管束和壳体。

(2) 进行管束焊口、胀口处理及单管更换。

(3) 检查介修理管箱及内附件、浮头盖、钩圈、外头盖、接管等及其密封面，更换垫片并试压。

(4) 更换部分螺栓、螺母。

(5) 壳体保温修补及防腐。

(6) 更换管束或壳体。

43. 简述换热器的试压及检修顺序。

试压是换热器检修的重要内容，不同类型的管壳式换热器，其试压的顺序也不尽相同，现以浮头式为例说明其检修和试压的顺序。

(1) 准备吹扫工具→拆除浮头端外封头、管箱及法兰→拆除浮头端内封头→抽管束→检查、清扫。

(2) 准备垫片、盲板及试压机具→安装管束→安装管箱、安装假浮头(做临时封头用)壳体法兰加盲板→向壳程注水→装配试压管线→试压(一)检查胀管口及换热管→拆假浮头、安装浮头端内封头及盲板盖。

(3) 管箱法兰加盲板→向管程注水、装配试压管线→试压(二)检查浮头端垫片及管束→安装浮头端外封头→向壳程注水→试压(三)检查壳体密封→拆除盲板、填写检查卡。

试压(一)的目的是检查换热管是否有破裂、胀接口是否有渗漏。如管子有破裂放压后将其堵塞或更换，如胀接口有渗漏放压后进行补胀、但补胀的次数不得超过 3 次，否则应更换新管。各缺陷处理后重新升压试验，直到合格为止。

试压(二)的目的是检查安装质量，主要是检查浮头端内封头垫片及管束，如发现垫片处渗漏应分析原因并妥善处理。试压(三)则是设备整体试压，主要检查浮头端外封头的安装质量。

44. 压力试验的顺序及要求有哪些？

（1）固定管板式

①壳体试压：检查壳体、换热管与管板相连接接头及有关部位。

②管程试压：检查管箱及有关部位。

（2）U形管换热器、釜式重沸器（带U形管束）及填料函式换热器

①壳程试压（用试验压环），检查壳体、管板、换热管与管板连接部位及有关部位。

②管程试压，检查管箱的有关部位。

（3）浮头式换热器、釜式重沸器（带浮头式管束）

①用试验压环和浮头专用工具进行管与管板接头试压。对釜式重沸器，还应配备管与管板接头试压专用壳体，检查换热管与管板接头及有关部位。

②管程试压，检查管箱、浮头盖及有关部位。

③壳程试压，检查壳体、换热管与管板接头及有关部位。

（4）当管程的试验压力高于壳程压力时，试验压力值应按图样规定，或按生产和施工单位双方商定的方法进行。

（5）螺纹锁紧环式换热器

①壳程试压（试验压力不大于最大试验压力差），检查壳体，换热管与管板接头及有关部位。

②管程和壳程步进试压（试验压力和试压程序按设计规定进行），检查密封盘、接管等部位。

（6）换热器试压后内部积水应放净，必要时应吹干。

45. 采用防腐涂料的冷换设备如何检修？

（1）宏观检查水冷器涂层，涂层表面应光滑、平整，颜色一致。并无气孔滴坠、流挂、漏涂等缺陷，用5～10倍的

放大镜检查，无微孔者为合格。

（2）涂层应完全固化。

（3）吊运安装、检查清扫时，不得损伤防腐涂层。

46. 换热器的检验范围有哪些?

检制造过程的不同阶段，检验师检查工件，并且在文件上记载检查结果。下面列出了换热器的检验范围：

（1）原材料识别和检验；

（2）批准在试板上完成的焊接工艺；

（3）审查焊工资格；

（4）焊接坡口制备、包括对分层情况进行外观检查和进行渗透探伤；

（5）检验焊接准备和焊缝组对的质量；

（6）检验背面开坡口的焊接接头，如安放式接管的焊缝，因为这些地方的焊缝不便进行；

（7）射线探伤；

（8）渗透探伤检验覆盖层；检验覆盖层化学成分；测量铁素体含量；

（9）纵焊缝和环焊缝的组对情况；

（10）单个筒节的尺寸偏差；

（11）筒节与零部件组对检验；

（12）焊前根部焊道的间隙；

（13）检查焊缝的外观轮廓和焊接缺陷；

（14）检验预制件和外购件；

（15）检查射线探伤或其他的焊接检验技术；

（16）成型后封头的减薄量；

（17）检查钻孔后的管板与壳体的组对情况；

（18）焊接操作前，检验管板与壳体的组对情况；

(19) 焊后热处理之后的现场见证；

(20) 水压试验后的尺寸检验；

(21) 容器钢印和合格证书签发；

(22) 包装和发运。

47. 换热器腐蚀的控制原则是什么？

腐蚀控制可通过两种主要途径：①腐蚀的预防；②腐蚀的防护。腐蚀预防基于使设备不会发生腐蚀的设计思路。而腐蚀防护的目的在于使腐蚀侵蚀最小化。由于材料发生腐蚀是由于材料与环境的电化学反应，在大多数的实际情况下，这种侵蚀是不可预防的，仅可以控制它使设备获得有效的寿命。各种腐蚀控制技术如下：

(1) 合适的设计；

(2) 改变腐蚀性环境的性质；

(3) 使用耐腐蚀材料；

(4) 采用复层和双金属管等双金属结构；

(5) 应用隔离覆盖层和表面处理；

(6) 提供阴极或阳极电化学保护；

(7) 钝化。

每一种方法都有其优缺点和最经济的使用场合。没有哪一种方法对所有的腐蚀问题是通用的解决方法。实施腐蚀控制措施以前，每个问题都应单独加以研究。由设备的使用者进行成本效益分析以决定最适于解决这些问题的技术方案。

48. 腐蚀监测如何分类？

大体上有三种腐蚀监测：①局部腐蚀监测；②部件腐蚀监测；③系统腐蚀监测。局部腐蚀监测涉及局部条件方面的研究。部件腐蚀监测从整体上考虑工厂系统，这种监测可以处理发生在系统不同部件上的现象之间的相互关系。

参 考 文 献

1. 中国石油化工集团公司，中国石油化工股份有限公司．石油化工设备维护检修规程．北京：中国石化出版社，2004

2. [美]T. Kuppan 著，钱颂文等译．换热器设计手册．北京：中国石化出版社，2004

3. 兰州石油机械研究所主编．换热器．北京：中国石化出版社，1993

4. 马秉骞主编．炼油设备基础知识(第二版)．北京：中国石化出版社，2009